高 速 水 流

刘士和 著

科学出版社

北京

内 容 简 介

本书重点阐述高速水流的基本概念、基本特点、主要的水力特性及分析研究问题的基本方法,并对水利水电工程中的高速水流问题,如消能、空化空蚀、雾化、流激振动及急流冲击波与滚波进行了系统介绍,其特点在于力求以紊流理论与多相流理论为基础,较深入地探讨高速水流的紊动结构与掺气特性。

本书可作为水利、土建类有关学科的研究生教材,也可供从事水利水电工程设计、施工和科学研究的工作者参考。

图书在版编目(CIP)数据

高速水流/刘士和著. —北京:科学出版社,2005
ISBN 978-7-03-015473-6

Ⅰ.高… Ⅱ.刘… Ⅲ.高速度-水动力学 Ⅳ.TV131.3

中国版本图书馆 CIP 数据核字(2005)第 044601 号

责任编辑:鄢德平 刘信力 / 责任校对:鲁 素
责任印制:赵 博 / 封面设计:陈 敬

斜 学 出 版 社出版
北京东黄城根北街 16 号
邮政编码:100717
http://www.sciencep.com

北京华宇信诺印刷有限公司印刷
科学出版社发行 各地新华书店经销

*

2005 年 7 月第 一 版 开本:B5(720×1000)
2025 年 1 月第九次印刷 印张:13 1/4
字数:246 000

定价:69.00 元
(如有印装质量问题,我社负责调换)

序

随着我国水利水电建设事业的高速发展，高速水流的研究也就成为我国较为重视的一门学科。早在 20 世纪 60 年代，我国就已全面开展了高速水流的研究，当时将高速水流的特征概括为"两动两气"，即"脉动压力"、"振动"、"掺气"和"气蚀"。为了推动学科的发展，成立了高速水流情报网，在东北勘测设计院水科所的主持下，做了大量的工作。经过几十年的努力，高速水流学科的内容日益深化和完善，基本上可以满足大型水利水电工程建设的需要。可以说，高速水流学科的形成和发展，是我国对世界的一大贡献。

将高速水流的研究内容进行全面总结和系统化是学科发展和工程建设的需要，可惜很长的时间内未有人完成。刘士和教授从事高速水流，特别是高速泄流雾化的研究已十余年，具有较丰富的理论和实践经验。他勇于承担了将高速水流理论系统化的任务，勤奋努力，广泛地搜集材料，深化分析，写出了《高速水流》这本专著。此书具有以下三大特点：一是内容丰富、系统，包括了高速水流各方面的内容；二是由于高速水流是高雷诺数充分发展的紊流，它的水流特征都与紊流结构有紧密关系，因而书中以紊流理论为指导理论；三是概念清晰，实用性强，有利于学习和应用。

我认为这是一本好书，愿意在此推荐给广大读者。

梁在湖

2005 年 2 月

前　言

我国是一个水力资源丰富的国家，在水力资源的开发与利用中，尤其是高水头水工建筑物的设计、施工与科研中经常会遇到高速水流问题。

本书对高速水流进行了系统介绍，共分为八章。第1章至第3章分别介绍高速水流的基本概念、高速水流的紊动及高速水流的掺气，第4章至第8章分别介绍高速水流的消能、空化空蚀、高速水流的雾化、高速水流的流激振动、急流冲击波与滚波。

在撰写本书过程中，除借鉴国内、外已有高速水流的一些研究成果外，还加入了作者的部分研究成果，并试图使本书具有如下特点：①力求清晰、并尽可能严谨地阐明高速水流的基本概念、基本特点、主要的水力特性及分析研究问题的基本方法；②力求以紊流理论与多相流理论为基础，较深入地探讨高速水流的紊动结构与掺气特性，使读者对高速水流的机理有比较深刻的认识；③对水利水电工程中的高速水流问题，如消能、空化空蚀、雾化、流激振动及急流冲击波与滚波尽可能进行系统介绍。

本书可作为水利、土建类相关学科的研究生教材，也可作为与高速水流有关的设计与科研工作者的参考书。限于作者水平和现阶段对高速水流的认识，书中在资料引用上难免挂一漏万，衷心希望读者批评指正。

作　者
2005 年 1 月

目　　录

序

前言

第1章　概述 ·· 1

　　参考文献 ··· 2

第2章　高速水流的紊动 ·· 4

　2.1　概述 ··· 4

　2.2　高速水流的紊动特征及紊流运动分类 ··············· 4

　2.3　高速水流运动的数学模型 ························· 5

　　2.3.1　高速水流运动基本方程 ····················· 5

　　2.3.2　紊流模型 ··································· 7

　2.4　紊流特征量及其计算 ····························· 15

　　2.4.1　离散数据的采样 ··························· 16

　　2.4.2　紊动特征量的计算 ························· 17

　2.5　脉动壁压 ·· 18

　　2.5.1　脉动壁压的形成机理 ······················· 19

　　2.5.2　高速水流单点脉动壁压统计特性 ··········· 25

　　2.5.3　高速水流脉动壁压的空时相关及波数频率谱特性 ··· 34

　　2.5.4　压力传感器形状与尺寸对脉动壁压实测特征值的影响 ··· 38

　　参考文献 ··· 41

第3章　高速水流的掺气 ·· 43

　3.1　概述 ··· 43

　　3.1.1　掺气现象及其影响 ························· 43

　　3.1.2　高速水流掺气机理 ························· 43

　3.2　气泡在流场中的运动形态 ····················· 47

　　3.2.1　流场中的气泡运动形态 ····················· 47

　　3.2.2　气泡上升终速 ····························· 47

　3.3　高速水流的自然掺气 ····························· 49

　　3.3.1　明渠中的掺气水流 ························· 49

　　3.3.2　高速挑射水流的掺气 ······················· 54

　3.4　高速水流的强迫掺气 ····························· 56

　　3.4.1　跌落水流的掺气 ··························· 56

　　3.4.2　水跃的掺气 ······························· 58

3.4.3 掺气设施强迫掺气 ……………………………………… 60

参考文献 …………………………………………………………… 60

第4章 高速水流的消能 ………………………………………… 62

4.1 概述 ………………………………………………………… 62

4.2 挑流消能 …………………………………………………… 62

    4.2.1 挑流消能原理与适用条件 ……………………………… 62

    4.2.2 挑流消能工 ……………………………………………… 63

    4.2.3 挑流消能水流运动计算 ………………………………… 69

    4.2.4 挑流冲刷计算与下游防冲措施 ………………………… 78

4.3 底流消能 …………………………………………………… 79

    4.3.1 底流消能原理与适用条件 ……………………………… 79

    4.3.2 底流消能的水力计算 …………………………………… 80

    4.3.3 底流消能中的辅助消能工与水跃控制 ………………… 89

    4.3.4 底流消能的下游局部冲刷与防冲措施 ………………… 91

4.4 面流消能 …………………………………………………… 91

    4.4.1 面流消能原理与适用条件 ……………………………… 91

    4.4.2 跌坎面流消能 …………………………………………… 92

    4.4.3 面流消能的下游局部冲刷与防冲措施 ………………… 96

4.5 宽尾墩出流消能 …………………………………………… 97

    4.5.1 宽尾墩出流消能原理 …………………………………… 97

    4.5.2 宽尾墩的体型参数 ……………………………………… 98

    4.5.3 宽尾墩与挑流联合消能 ………………………………… 99

4.6 其他类型的消能 …………………………………………… 101

    4.6.1 自由跌落消能 …………………………………………… 101

    4.6.2 水股空中碰撞消能 ……………………………………… 102

    4.6.3 孔板消能 ………………………………………………… 104

    4.6.4 台阶消能 ………………………………………………… 106

参考文献 …………………………………………………………… 109

第5章 空化空蚀 ………………………………………………… 110

5.1 概述 ………………………………………………………… 110

    5.1.1 有关空化空蚀的概念 …………………………………… 110

    5.1.2 泄水建筑物空蚀实例 …………………………………… 111

    5.1.3 空化的分类 ……………………………………………… 111

    5.1.4 空化的影响 ……………………………………………… 112

5.2 空泡动力学基础 …………………………………………… 113

    5.2.1 气核形成理论 …………………………………………… 113

    5.2.2 空泡的发育 ……………………………………………… 114

    5.2.3 球形空泡的稳定性 ……………………………………… 117

    5.2.4　空泡的溃灭 ··· 120

5.3　空蚀破坏程度的度量与空蚀破坏机理 ············· 122

    5.3.1　空蚀破坏程度的度量 ······························· 122

    5.3.2　空蚀破坏的机理 ···································· 123

    5.3.3　紊流相干结构与空蚀的关系 ······················· 125

    5.3.4　泄水建筑物易受空蚀破坏的部位 ··················· 125

5.4　空化与空蚀的物理模拟与原型观测 ················ 128

    5.4.1　空化与空蚀的几个无量纲数 ······················· 129

    5.4.2　空化与空蚀的物理模拟 ···························· 130

    5.4.3　空化与空蚀的原型观测 ···························· 133

5.5　水工建筑物减免空蚀措施 ························· 134

    5.5.1　选用合理的过流边壁体型 ························· 134

    5.5.2　改进施工工艺，提高过流边壁的平整度 ·············· 141

    5.5.3　选用抗蚀性能较强的材料 ························· 145

    5.5.4　掺气减蚀 ··· 148

参考文献 ·· 156

第6章　高速水流的雾化 ······························ 157

6.1　概述 ·· 157

6.2　挑流消能雾化水流 ······························· 158

    6.2.1　挑流消能雾化水流的特征 ························· 158

    6.2.2　挑流消能雾化水流的流动机理 ····················· 158

    6.2.3　挑流消能雾化水流的数值模拟 ····················· 159

    6.2.4　挑流消能雾化水流的模型试验与原型观测 ············ 167

6.3　底流消能雾化水流 ······························· 169

    6.3.1　坝面溢流自然掺气形成的雾源 ····················· 169

    6.3.2　水跃区生成的雾源 ································ 170

6.4　雾化水流的危害与防范 ··························· 171

    6.4.1　雾化水流对发电与电器设备的影响 ················· 171

    6.4.2　雾化水流对航运的影响 ···························· 171

    6.4.3　雾化水流对两岸边坡稳定和交通的影响 ·············· 172

    6.4.4　雾化水流对附近居民生活的影响 ··················· 172

参考文献 ·· 172

第7章　高速水流的流激振动 ·························· 174

7.1　概述 ·· 174

7.2　流激振动的物理模拟 ····························· 174

7.3　流激振动的数值模拟 ····························· 176

7.4　水工结构的流激振动 ····························· 179

    7.4.1　导墙振动 ··· 180

　　　　7.4.2　坝体振动 ·· 181
　　　　7.4.3　溢流厂房与泄水陡槽的振动 ······················· 181
　　　　7.4.4　闸门的振动 ·· 181
　　参考文献 ··· 181

第 8 章　急流冲击波与滚波 ·· 183
　8.1　概述 ··· 183
　8.2　急流冲击波的形成及数学描述 ······················ 183
　　　8.2.1　急流冲击波的形成 ································· 183
　　　8.2.2　小波高急流冲击波的计算 ···················· 184
　　　8.2.3　大波高急流冲击波的计算 ···················· 186
　　　8.2.4　冲击波的反射与干扰 ·························· 187
　8.3　急流收缩段冲击波计算 ······························ 188
　　　8.3.1　急流收缩段的合理曲线 ······················· 188
　　　8.3.2　直线收缩段冲击波的计算 ···················· 188
　　　8.3.3　窄缝消能工收缩段冲击波的计算 ············· 189
　8.4　急流扩散段冲击波计算 ······························ 190
　　　8.4.1　平底明渠扩散段 ································· 190
　　　8.4.2　陡坡明渠扩散段 ································· 193
　　　8.4.3　反弧（凹）曲面上的急流扩散 ··············· 193
　8.5　急流弯道段冲击波计算 ······························ 194
　　　8.5.1　弯道上急流冲击波形态 ························ 194
　　　8.5.2　较大半径情况下急流冲击波计算 ············· 194
　　　8.5.3　较小半径情况下急流冲击波计算 ············· 196
　　　8.5.4　弯道上急流冲击波的控制 ···················· 196
　8.6　滚波的形成条件及特征 ······························ 198
　　　8.6.1　滚波形成的条件 ································· 198
　　　8.6.2　滚波的特征 ····································· 200
　　参考文献 ··· 201

第1章 概 述

水流可处于层流与紊流两种运动状态,层流中流体质点沿其轨迹层次分明地向前运动,其轨迹是一些平滑的随时间变化较慢的曲线;紊流中流体质点的轨迹杂乱无章,相互交错,且变化迅速。层流与紊流之间的本质区别在于:①紊流运动是由大小不等的涡体所组成的无规则的随机运动,其物理量(如流速、压强及温度等)存在脉动,即对时间和空间而言的不规则变化;②紊流的输运能力(用紊动黏性系数来表示)要比分子的输运能力大几个数量级;③紊流常在高雷诺数下发生,可将其视为层流的非稳定性发展,且紊流中通过小涡体的掺混运动造成很大的能量耗损。如果水流运动的速度不高,即使水流处于紊流运动状态,用常规的水力学方法或工程流体力学方法即可对其统计特性进行描述。但如水流运动速度足够高,以至于水流紊动强烈和剧烈掺气,并可能导致空蚀破坏、结构振动、局部区域雾流强降雨、急流冲击波及滚波等现象的单独或综合出现,此时的水流称为高速水流。与处于中、低速运动的水流相比,高速水流在流动特性上有新的变化,主要反映在:

(1)高速水流通常为复杂边界条件下的多相体系紊流。如掺气水流为水-气两相流;雾化水流的雾流扩散段为气-水两相流等。

(2)高速水流与过流边界之间的相互作用更加突出。如流激振动中存在水流与固体边界的流固耦合;渠道中边墙的偏转可导致急流冲击波的形成;雾化水流中的雾流降雨在很大程度上依赖于下游地形等。此外,由高速水流形成的空蚀破坏甚至还将导致水流边界的改变。

(3)高速水流中惯性力的作用更加突出。由于高速水流具有如上特点,如在设计或施工中不加以注意,其有可能导致结构物或水力机械工作条件的恶化,甚至破坏。研究高速水流的目的正在于防范其可能导致的危害。

虽然明渠中一般当水流流速达到$6 \sim 7 \mathrm{m/s}$时其自由表面即出现掺气现象,但习惯上常将流速达到$15 \sim 20 \mathrm{m/s}$以上的水流称为高速水流[1]。高速水流存在如下的特殊水力学问题:

1)高速水流的紊动与流激振动

研究高速水流紊动的基础仍然是紊流理论。高速水流中存在着多种尺度的运动,由文献[2]~[5]可知,在三维紊流中其含能涡与耗散涡的尺度之比近似与雷诺数的$9/4$次方成正比。由于高速水流的雷诺数很大,其内各种紊动尺度共存,水流紊动强烈,并有可能导致处于其中或构成其边界的结构物的振动甚至破坏。因此,应研究高速水流的紊动特征,尤其是要弄清高速水流作用于其过流边界上的脉动荷载。

2）高速水流的掺气

高速水流内高强度紊动的存在是导致其内维持一定含气浓度的必要与充分条件。高速水流掺气后，水体的连续性被破坏，其原有的水力特性也相应改变。因此，应弄清高速水流的掺气条件及水流掺气后水力要素的计算，以此来判别水流掺气后对结构可能造成的影响。

3）高速水流的消能

高水头泄水建筑物上的高速水流具有巨大的动能，如何将其进行有效的转化，使上、下游水流以适当的形式相衔接是水利水电工程中的重要问题之一。因此，应研究适合具体工程特点的消能形式。

4）空化空蚀

高速水流通过泄水建筑物某些部位时，固壁常出现剥蚀甚至破坏现象。因此，应研究高速水流空化与空蚀破坏的机理以及采用何种措施来防止或减轻空蚀的破坏作用。

5）高速水流的雾化

高速水流的雾化对水利水电工程的安全运行具有潜在威胁，并有可能导致山体滑坡、中断交通及闪络跳闸等事故的出现。因此，应研究雾化水流的特性，采用适当的措施防范其危害。

6）急流冲击波与滚波

急流冲击波是渠槽中因侧墙几何条件的变化而在水面形成的一种波。在一定条件下，即使侧墙几何形状与尺寸不变，在槽宽水浅的陡槽中也可产生波，称为滚波。急流冲击波与滚波的出现改变了水流原有的运动特征，增加了下游消能的困难。因此，应研究急流冲击波与滚波的形成条件以及急流冲击波与滚波的计算方法。

研究高速水流可采用以下四种方法[6~8]，即理论分析、试验研究、数值计算、原型观测。影响高速水流的因素很多，单纯的理论分析只能把握其主要影响因素。试验研究与原型观测目前乃至今后相当一段时间仍然是高速水流研究的主要方法，但模型试验费时费工，且从技术上来看也有可能存在缩尺效应，而原型观测亦受场地及泄流条件等的限制较大。数值计算在高速水流中的应用已有不少成果，但仍有待于进一步深入、系统与完善。

参 考 文 献

1 杨振怀等. 中国水利百科全书. 北京:水利电力出版社,1991

2 Reynolds W C. Whither Turbulence. Cornell University, 1989

3 梁在潮. 紊流力学. 郑州:河南科技出版社,1988

4 梁在潮,刘士和等. 多相流与紊流相干结构. 武汉:华中理工大学出版社,1994

5 梁在潮. 工程湍流. 武汉:华中理工大学出版社,2000

6 李建中,宁利中. 高速水力学. 西安:西北工业大学出版社,1994

7　成都科学技术大学水力学教研室. 水力学. 北京:人民教育出版社,1980

8　夏毓常,张黎明. 水工水力学原型观测与模型试验. 北京:中国电力出版社,1999

第 2 章　高速水流的紊动

2.1　概　　述

紊流是自然界和工程技术中广泛存在的一种流体运动现象[1,2]，水利工程中的高速水流因速度高，尺度大，其流态不仅是紊流，而且一般是水-气两相流紊流。然因实际工程问题十分复杂，而目前对两相流紊流的研究又不十分深入，所以在研究高速水流的紊动特征时多数情况将其简化为单相紊流来处理。

2.2　高速水流的紊动特征及紊流运动分类

高速水流的紊动既具有一般紊流运动的特征，如随机性、大雷诺数，同时在能量耗损与扩散性等方面也有其自身的特点，具体反映在如下几个方面：

1）能量耗损

水流运动必然要消耗能量。对高速水流，其能量耗损是由其内的小尺度涡体通过黏性作用而造成的。目前，流体力学中有关流动控制问题的研究正方兴未艾，在高速水流中也有类似的水流能量耗损控制问题，如水工建筑物的消能问题等。

2）动水荷载

泄水建筑物泄流时，作用于其边壁上的动水荷载是导致建筑物振动的激振力，这种动水荷载实际上是边壁上的脉动压强与脉动切应力沿过流面综合作用的结果。目前对壁面脉动切应力的研究尚不多见，而对壁面脉动压强则研究甚多，这一方面是因测试手段所限，另一方面也是从工程实际考虑。例如，如果忽略泄流面曲率的影响，则脉动压强就成为动水荷载的主要组成部分。我国水利界一般将作用于建筑物表面的脉动压强称为脉动压力，本文则将其称为脉动壁压。

在水利工程中，脉动壁压的研究甚为重要。如果泄水建筑物上的水流为高速水流，动水荷载将大大增加，由此提高了对建筑物强度方面的要求，尤其是当动水荷载的主频率与建筑物的自振频率相近时，还有可能引起建筑物特别是轻型建筑物的共振。在分离水流内部，由于脉动压强的作用可能形成瞬态空化水流，有时虽然某些部位的时均压强不是很低，然因水流内部脉动压强的作用导致瞬时压强大大降低，由此增加了空蚀的可能性。此外，在研究岩石冲刷机理时，也常常会研究脉动压强对岩块的作用及沿岩石节理的传播。

3）两相紊流

高速水流或多或少地挟带有气泡，基本上属水-气两相紊流。高速水流中之所以能携带气泡,主要是水流的紊动扩散作用将气泡从浓度高的地方向浓度低的地方输送,以此抑制气泡的上浮作用,从而形成水-气两相紊流。因此,高速水流中的掺气浓度分布在很大程度上决定于水流的紊动强度及紊动扩散系数的分布。

从水流紊动特征的空间变化出发,可将紊流分为均匀紊流与非均匀紊流,非均匀紊流又可细分为自由切变紊流及边壁切变紊流。均匀紊流要求所有紊动特征量不随空间位置而变,也即任何紊动特征量的平均值及其空间导数在坐标作任何平移变换时不变。实际工程中的高速水流大都具有十分复杂的几何边界,因此高速水流很难出现均匀紊流。

自由切变紊流指的是固体边壁对紊动特性不发生直接影响的紊流,如射流、尾流及混合层等。在高速水流中,从溢流坝挑射出的水流可视为掺气散裂射流,其介绍见第 3.3 节。高速水流中因一般存在水-气交界面,因此也涉及混合层问题。此外,如闸墩下游足够长,闸墩下游的绕流也属于尾流问题。迄今为止有关高速水流中的混合层及尾流问题研究成果甚少。

边壁切变紊流指的是固体边壁对紊动特性有直接影响的紊流,包括流体绕固体边界的流动及流体在固体边界之间的流动两种,前者称为外流,如绕平板的流动,其特点是紊流存在的区域沿物体向下游方向增加;后者称为内流,如明渠流、管流,其特点是紊流存在的区域限制在固体边界内。水利水电工程中的高速水流大多属于明渠流,如溢流坝面上的流动、泄洪槽内的水流运动均属明渠流。

2.3 高速水流运动的数学模型

2.3.1 高速水流运动基本方程

高速水流的运动速度虽然相对较高,其仍是流体的宏观运动,水流仍可视为连续介质,如其含气浓度不高,将其视为不可压缩流体,则运动控制方程仍为 Navier-Stokes 方程,引入雷诺假设,可得其时均运动的控制方程为

$$\frac{\partial \bar{u}_i}{\partial t} + \bar{u}_j \frac{\partial \bar{u}_i}{\partial x_j} = g_i - \frac{1}{\rho} \frac{\partial \bar{p}}{\partial x_i} + \nu \frac{\partial^2 \bar{u}_i}{\partial x_j \partial x_j} - \frac{\partial}{\partial x_j} (\overline{u_i u_j}) \quad (2.3.1a)$$

$$\frac{\partial \bar{u}_i}{\partial x_i} = 0 \quad (2.3.1b)$$

而脉动运动的控制方程则为

$$\frac{\partial u_i}{\partial t} + \bar{u}_j \frac{\partial u_i}{\partial x_j} + u_j \frac{\partial \bar{u}_i}{\partial x_j} + u_j \frac{\partial u_i}{\partial x_j} = -\frac{1}{\rho} \frac{\partial p}{\partial x_i} + \nu \frac{\partial^2 u_i}{\partial x_j \partial x_j} + \frac{\partial}{\partial x_j} (\overline{u_i u_j})$$

$$(2.3.2a)$$

$$\frac{\partial u_i}{\partial x_i} = 0 \quad (2.3.2b)$$

式中 $\bar{u}_i$ 与 u_i 分别表示时均流速与脉动流速,$\bar{p}$ 与 p 分别表示时均压强与脉动压强。

时均运动的能量方程为

$$\underbrace{\frac{\partial}{\partial t}\left(\frac{\overline{u_i}^2}{2}\right)}_{(1)} + \underbrace{\overline{u_j}\frac{\partial}{\partial x_j}\left(\frac{\overline{p}}{\rho} + \frac{\overline{u_i}^2}{2}\right)}_{(2)} = \underbrace{g_i\overline{u_i}}_{(3)} - \underbrace{\frac{\partial}{\partial x_j}(\overline{u_iu_ju_i})}_{(4)} + \underbrace{\overline{u_iu_j}\frac{\partial \overline{u_i}}{\partial x_j}}_{(5)}$$

$$+ \underbrace{\nu\frac{\partial}{\partial x_j}\left[\left(\frac{\partial \overline{u_i}}{\partial x_j} + \frac{\partial \overline{u_j}}{\partial x_i}\right)\overline{u_i}\right]}_{(6)}$$

$$- \underbrace{\nu\left[\left(\frac{\partial \overline{u_i}}{\partial x_j} + \frac{\partial \overline{u_j}}{\partial x_i}\right)\frac{\partial \overline{u_i}}{\partial x_j}\right]}_{(7)} \qquad (2.3.3)$$

式中各项意义如下:

(1) 项:单位时间单位质量水体时均运动动能的当地变化;

(2) 项:单位时间单位质量水体时均运动总动水压强所做的功;

(3) 项:单位时间单位质量水体时均运动质量力所做的功;

(4) 项:单位时间单位质量水体时均运动紊动切应力所做的功;

(5) 项:单位时间单位质量水体时均运动紊动切应力所做的变形功;

(6) 项:单位时间单位质量水体时均运动黏性切应力所做的功;

(7) 项:单位时间单位质量水体时均运动能量耗损率。

如以 $k = \dfrac{\overline{u_iu_i}}{2}$ 表示脉动运动的能量,则得其控制方程为

$$\underbrace{\frac{\partial k}{\partial t} + \overline{u_j}\frac{\partial k}{\partial x_j}}_{(1)} = \underbrace{-\overline{u_j\frac{\partial}{\partial x_j}\left(\frac{p}{\rho} + k\right)}}_{(2)} - \underbrace{\overline{u_iu_j}\frac{\partial \overline{u_i}}{\partial x_j}}_{(3)}$$

$$+ \underbrace{\nu\frac{\partial}{\partial x_j}\overline{\left[\left(\frac{\partial u_i}{\partial x_j} + \frac{\partial u_j}{\partial x_i}\right)u_i\right]}}_{(4)} - \underbrace{\nu\overline{\left(\frac{\partial u_i}{\partial x_j} + \frac{\partial u_j}{\partial x_i}\right)\frac{\partial u_i}{\partial x_j}}}_{(5)} \qquad (2.3.4)$$

式中各项意义如下:

(1) 项:单位时间单位质量水体脉动运动动能的变化;

(2) 项:单位时间单位质量水体脉动运动总动水压强所做的功;

(3) 项:单位时间单位质量水体脉动运动紊动切应力所做的变形功;

(4) 项:单位时间单位质量水体脉动运动黏性切应力所做的功;

(5) 项:单位时间单位质量水体脉动运动能量耗损率。

比较平均运动和脉动运动的能量方程可知,两方程中都有紊动切应力所做的变形功项,但两者之间相差一符号,也即如变形功为正,则通过该项从平均运动中抽取能量传递至脉动运动;反之,如变形功为负,则通过该项从脉动运动中抽取能量传递至平均运动,所以变形功项只起能量传递作用而不消耗能量。

2.3.2 紊流模型

紊流运动是一种非常复杂的随机运动,由于对其分布函数还缺乏认识,目前要想对其进行精确描述不大可能。作为近似,人们转而寻求其低阶统计量的表达式。然因 N-S 方程的非线性性,有关紊流任一阶统计量的控制方程中总包含有比其更高一阶的统计量存在,也即低阶统计量的控制方程是不封闭的。为使低阶统计量的控制方程封闭,人们不得不采用各种假定,并进行相应的处理,以构成各种紊流模式,来逼近紊流运动统计量的真实行为。目前用得较多的有雷诺应力模式(RSM)、代数应力模式(ASM)、K-ε 两方程模式和紊流半经验理论。此外,在紊流的直接数值模拟(DNS)和大涡模拟(LES)方面人们也做了不少工作,但因目前将DNS 和 LES 运用到高速水流运动的模拟方面还存在一定的困难,本文对此两种模式不予介绍。从以下的介绍中我们将会看到,从复杂的雷诺应力输运模式(RSM)到相对比较简单的 K-ε 模型是相互联系的,低阶模型是高阶模型在一定条件下的简化形式[1~3]。

1. 雷诺应力输运模式(RSM)

紊流场中某一点的雷诺应力并不完全取决于该点上的流动状态(时均速度场的当地变形率),还应与周围的流动状态及过去的流动状态有关,尤其是与上游的历史条件有关,也即具有记忆效应或松弛效应,这是 K-ε 模式不能很好反映的。周培源先生早在 1945 年就对雷诺应力模式进行过研究,以后人们陆续将其深化。1975 年 Launder, Reece 和 Rodi 提出了具有很大影响的 LRR 模式,下面对其进行介绍。

由脉动运动的控制方程式(2.3.2)出发可得雷诺应力项的控制方程为

$$\frac{\partial \overline{u_i u_j}}{\partial t} + \overline{u_k} \frac{\partial \overline{u_i u_j}}{\partial x_k} = G_{ij} + \Phi_{ij} + D_{ij} - \varepsilon_{ij} \tag{2.3.5}$$

式(2.3.5)右边第一项表示雷诺应力的产生项,第二项为压力应变项,第三项为扩散项,第四项则为耗散项,以上各项的表达式及其模拟如下。

1) 产生项

$$G_{ij} = - \left(\overline{u_i u_k} \frac{\partial \overline{u_j}}{\partial x_k} + \overline{u_j u_k} \frac{\partial \overline{u_i}}{\partial x_k} \right) \tag{2.3.6}$$

在雷诺应力模式中产生项不需模拟。

2) 压力应变项

压力应变项的表达式为

$$\Phi_{ij} = \overline{\frac{p}{\rho} \left(\frac{\partial u_i}{\partial x_j} + \frac{\partial u_j}{\partial x_i} \right)} \tag{2.3.7}$$

压力应变项的模拟思路为先求出脉动压强 p,再研究压力应变项的重要影响因素,并对其进行相应模化。

对脉动运动的控制方程式(2.3.2)两端取散度运算,即可得到脉动压强的控制方程,其通解为

$$\frac{p}{\rho} = \frac{1}{4\pi} \int_{\tau} \left[-\frac{\partial^2}{\partial x_l x_m} (u_l u_m - \overline{u_l u_m}) - 2 \frac{\partial \overline{u_m}}{\partial x_l} \frac{\partial u_l}{\partial x_m} \right] \frac{\mathrm{d}\tau}{|r|} \qquad (2.3.8)$$

根据式(2.3.7)中压力应变项的定义,得到

$$\Phi_{ij} = \Phi_{ij1} + \Phi_{ij2} + \Phi_{ij1w} + \Phi_{ij2w} \qquad (2.3.9)$$

式(2.3.9)中 Φ_{ij1} 相应于式(2.3.8)中右边第一项,所表示的是紊流脉动流速场对压力应变项的贡献;Φ_{ij2} 含有时均速度梯度,所表示的是时均流场与紊流脉动场相互作用对压力应变项的贡献;在受限流动中,存在边界影响,其反映在 Φ_{ij1w} 与 Φ_{ij2w} 中。

Rotta(1951)基于线性回归各向同性假设提出

$$\Phi_{ij1} = -C_1 \frac{\varepsilon}{k} \left(\overline{u_i u_j} - \frac{2}{3} k \delta_{ij} \right) \qquad (2.3.10)$$

并建议取 C_1 为 $1 \sim 5$。目前人们常取 C_1 为 $1.5 \sim 3.0$。此外,如为简化起见,在 Φ_{ij} 的表达式中约去 Φ_{ij2},则 C_1 的取值应大于 3.0。

基于 Φ_{ij1} 的模拟思想,Naot 等(1970)建议取 Φ_{ij2} 为

$$\Phi_{ij2} = -C_2 \frac{\varepsilon}{k} \left(G_{ij} - \frac{2}{3} G_{kk} \delta_{ij} \right) \qquad (2.3.11)$$

以上模型也称为 IPM 模型,其中 C_2 取为常数,其值不大于 2。

利用以上模拟式进行计算,在数值模拟成果与实验成果吻合较好的条件下,人们观察到 C_1 与 C_2 的取值存在如下关系

$$0.23 C_1 + C_2 = 1 \qquad (2.3.12a)$$

Launder 建议采用 Younis(1984)所取的一组常数进行模拟,其值为

$$C_1 = 3.0 \qquad C_2 = 0.3 \qquad (2.3.12b)$$

计算经验表明,随着所研究流动各向异性性的增强,所选用的 C_1 值应适当增加,而 C_2 值则需相应减小。

以上介绍的是自由切变紊流中压力应变项的模拟,如果流动中存在固壁或自由表面,则边界对脉动压强会产生影响,并由此对雷诺应力产生如下影响:① 紊动强度在三个方向上重新分配,具体来讲垂直于壁面方向的紊动强度减小,沿主流方向的紊动强度增加,而在横向上紊动强度则几乎不变;② 无量纲雷诺应力有所下降。在此情况下,需对固壁对压力应变项的影响进行修正。目前,人们采用的修正方法为:类似自由切变紊流中压力应变项的模拟方式进行修正,认为边壁切变紊流中的压力应变项可视为自由切变紊流中的压力应变项与固壁修正项的线性叠加;固壁的影响与其到固壁的距离有关。

Shir(1973)建议固壁对 Φ_{ij1w} 的修正为

$$\Phi_{ij1\mathrm{w}} = C_{1\mathrm{w}} \frac{\varepsilon}{k} \left(\overline{u_k u_m} n_k n_m \delta_{ij} - \frac{3}{2} \overline{u_k u_i} n_k n_j - \frac{3}{2} \overline{u_k u_j} n_k n_i \right) f\left(\frac{l}{x_n} \right)$$

$$(2.3.13)$$

式中 $C_{1\mathrm{w}}$ 为常数,其值通常取为 0.5;x_n 表示所研究的位置到固壁的距离;$f\left(\frac{l}{x_n} \right)$ 为壁面效应的影响函数,通常取为 $\frac{l}{x_n}$ 或 $\left(\frac{l}{x_n} \right)^2$;$l$ 取为当地的紊流长度尺度,即 $l = \frac{k^{3/2}}{\varepsilon}$;$n_i$,$n_j$,$n_k$ 和 n_m 是垂直于壁面的单位矢量。若 x_k 坐标方向与壁面垂直,则取 $n_k = 1$,如 x_k 坐标方向与壁面平行,则取 $n_k = 0$。

对于平板边界层,如以 x_2 表示垂直于壁面方向的坐标,并以 x_1 与 x_3 分别表示主流向与横向的坐标,则有

$$\Phi_{111\mathrm{w}} = C_{1\mathrm{w}} \frac{\varepsilon}{k} \overline{u_2^2} f\left(\frac{l}{x_n} \right) \tag{2.3.14a}$$

$$\Phi_{221\mathrm{w}} = C_{1\mathrm{w}} \frac{\varepsilon}{k} \left(-2 \overline{u_2^2} \right) f\left(\frac{l}{x_n} \right) \tag{2.3.14b}$$

$$\Phi_{331\mathrm{w}} = C_{1\mathrm{w}} \frac{\varepsilon}{k} \overline{u_2^2} f\left(\frac{l}{x_n} \right) \tag{2.3.14c}$$

由此可见 $\Phi_{ij1\mathrm{w}}$ 确实能将垂向的紊动强度调整到主流方向及横向上,然因由此也得到

$$\Phi_{111\mathrm{w}} = \Phi_{331\mathrm{w}} \tag{2.3.15}$$

这意味着壁面对主流方向及横向上雷诺正应力的影响是相同的,而实验成果则表明,壁面主要对主流方向上雷诺正应力有较大影响,由此看来 $\Phi_{ij1\mathrm{w}}$ 的模拟仍有不足之处。

壁面对反映时均流动作用的 Φ_{ij2} 同样有影响。Gibson 与 Launder(1978)建议取

$$\Phi_{ij2\mathrm{w}} = C_{2\mathrm{w}} \frac{\varepsilon}{k} \left(\Phi_{km2} n_k n_m \delta_{ij} - \frac{3}{2} \Phi_{ik2} n_k n_j - \frac{3}{2} \Phi_{jk2} n_k n_i \right) f\left(\frac{l}{x_n} \right) \tag{2.3.16}$$

式中 $C_{2\mathrm{w}}$ 为常数,其值通常取为 0.3。

3)扩散项

扩散项的表达式为

$$D_{ij} = -\frac{\partial}{\partial x_k} \left[\overline{u_i u_j u_k} + \frac{\overline{p u_i}}{\rho} \delta_{jk} + \frac{\overline{p u_j}}{\rho} \delta_{ik} - \nu \frac{\partial \overline{u_i u_j}}{\partial x_k} - \nu \overline{u_j \frac{\partial u_k}{\partial x_i}} - \nu \overline{u_i \frac{\partial u_k}{\partial x_j}} \right]$$

$$(2.3.17)$$

扩散项中反映分子输运作用的后三项在高雷诺数紊流中可忽略不计,其前三项则反映脉动速度三阶关联及压强脉动的作用。

根据通用梯度扩散模型

$$\overline{u_k \phi} = - C_\phi \frac{k}{\varepsilon} \overline{u_k u_l} \frac{\partial \overline{\phi}}{\partial x_l} \tag{2.3.18}$$

如取 ϕ 为 $u_i u_j$，则有

$$\overline{u_i u_j u_k} = \overline{u_k u_i u_j} = - C_S \frac{k}{\varepsilon} \overline{u_k u_l} \frac{\partial \overline{u_i u_j}}{\partial x_l} \tag{2.3.19}$$

式中 C_S 一般取为 0.21。对脉动速度三阶关联的模拟也曾考虑过从 N-S 方程出发来建立 $\overline{u_i u_j u_k}$ 为因变量的微分方程，并对其进行逐项模拟。但研究成果表明，这种复杂的模拟方式并未显著改善 $\overline{u_i u_j u_k}$ 的模拟精度，其对时均流的影响也甚小。

关于扩散项中压强脉动的模拟，Lumley(1975)指出，在各向同性紊流中，有

$$\overline{\frac{pu_i}{\rho}} = - 0.2 \overline{u_k u_k u_i} \tag{2.3.20}$$

其作用在于使 $\overline{u_i u_j u_k}$ 造成的扩散作用衰减和趋于各向同性，一般将该项和脉动速度的三阶关联项一起模拟。

4) 耗散项

耗散项的表达式为

$$\varepsilon_{ij} = 2\nu \overline{\frac{\partial u_i}{\partial x_k} \frac{\partial u_j}{\partial x_k}} + \nu \left(\overline{\frac{\partial u_j}{\partial x_k} \frac{\partial u_k}{\partial x_i}} + \overline{\frac{\partial u_i}{\partial x_k} \frac{\partial u_k}{\partial x_j}} \right) \tag{2.3.21}$$

耗散项模拟的基本思想是认为耗散是由小尺度涡体引起的，而小尺度涡体又可视为各向同性的，这就是所谓的局部各向同性假设。

考虑四阶张量

$$\varepsilon_{ijkl} = \nu \overline{\frac{\partial u_i}{\partial x_j} \frac{\partial u_k}{\partial x_l}} \tag{2.3.22}$$

耗散项中的三项均可视为 ε_{ijkl} 在一定条件下收缩的结果，由其各向同性性有

$$\varepsilon_{ijkl} = (\alpha \delta_{ij} \delta_{kl} + \beta \delta_{ik} \delta_{jl} + \gamma \delta_{il} \delta_{jk}) \varepsilon \tag{2.3.23}$$

式中

$$\varepsilon = \nu \overline{\frac{\partial u_i}{\partial x_j} \frac{\partial u_i}{\partial x_j}} \tag{2.3.24}$$

根据耗散率的定义，并应用连续方程进行简化，最后得到

$$\varepsilon_{ijkl} = \frac{\varepsilon}{30} (4 \delta_{ij} \delta_{kl} - \delta_{ik} \delta_{jl} - \delta_{il} \delta_{jk}) \tag{2.3.25}$$

由此得到

$$\nu \overline{\frac{\partial u_i}{\partial x_k} \frac{\partial u_j}{\partial x_k}} = \frac{\varepsilon}{3} \delta_{ij} \tag{2.3.26a}$$

$$\nu \overline{\frac{\partial u_i}{\partial x_k} \frac{\partial u_k}{\partial x_j}} = 0 \tag{2.3.26b}$$

因此，有

$$\varepsilon_{ij} = \frac{2}{3}\varepsilon\delta_{ij} \qquad (2.3.27)$$

Donaldson 和 Harlow 等考虑到紊流场中可能存在的各向异性的影响,建议

$$\varepsilon_{ij} = \frac{\overline{u_i u_j}}{k}\varepsilon \qquad (2.3.28)$$

至此,雷诺应力方程中的所有未知项均已模拟,对以上成果进行汇总,得到最简单,事实上也是最常用的雷诺应力输运模型

$$\frac{\partial \overline{u_i u_j}}{\partial t} + \bar{u}_m \frac{\partial \overline{u_i u_j}}{\partial x_m} = \frac{\partial}{\partial x_m}\left(C_k \frac{k^2}{\varepsilon}\frac{\partial \overline{u_i u_j}}{\partial x_m} + \nu \frac{\partial \overline{u_i u_j}}{\partial x_m}\right) + G_{ij} - \frac{2}{3}\varepsilon\delta_{ij}$$
$$- C_1 \frac{\varepsilon}{k}\left(\overline{u_i u_j} - \frac{2}{3}k\delta_{ij}\right) - C_2\left(G_{ij} - \frac{2}{3}G_{kk}\delta_{ij}\right) \quad (2.3.29)$$

模拟后的紊动能方程则成为

$$\frac{\partial k}{\partial t} + \bar{u}_m \frac{\partial k}{\partial x_m} = \frac{\partial}{\partial x_m}\left(C_\varepsilon \frac{k^2}{\varepsilon}\frac{\partial k}{\partial x_m} + \nu \frac{\partial k}{\partial x_m}\right) + G_{kk} - \varepsilon \qquad (2.3.30)$$

其中经验常数可取为

$$C_k = 0.09 \sim 0.11 \quad C_1 = 1.5 \sim 2.2 \quad C_2 = 0.4 \sim 0.5 \qquad (2.3.31)$$

为使以上方程封闭,还需给出 ε 的控制方程。在 RSM 中,其为

$$\frac{\partial \varepsilon}{\partial t} + \bar{u}_m \frac{\partial \varepsilon}{\partial x_m} = \frac{\partial}{\partial x_m}\left(C_\varepsilon \frac{k^2}{\varepsilon}\frac{\partial \varepsilon}{\partial x_m}\right) - C_{\varepsilon 1}\frac{\varepsilon}{k}\overline{u_i u_m}\frac{\partial \bar{u}_i}{\partial x_m} - C_{\varepsilon 2}\frac{\varepsilon^2}{k} \quad (2.3.32)$$

式中经验系数取为 $C_\varepsilon = 0.07 \sim 0.09$; $C_{\varepsilon 1} = 1.41 \sim 1.45$; $C_{\varepsilon 2} = 1.90 \sim 1.92$。

2. 代数应力模式(ASM)

雷诺应力输运模型(RSM)计算工作量很大,其原因在于有关雷诺应力 $\overline{u_i u_j}$ 的控制方程都是偏微分方程。事实上,由于 $\overline{u_i u_j}$ 的微分只在对流项与扩散项中出现,如在某些条件下将其消去,则方程就转化为代数方程,从而大幅度减少计算工作量。

在如下两种情形下对流项与扩散项可以消去:其一是高切变流动,其雷诺应力的产生项很大,而对流项与扩散项则相对较小;其二是处于局部平衡的紊流,其产生项与耗散项基本相抵,而对流项与扩散项也大体相等。

在消去对流项与扩散项之后,有关雷诺应力的 6 个偏微分方程便简化为 6 个代数方程,其为

$$(1 - C_2)G_{ij} - C_1\frac{\varepsilon}{k}\left(\overline{u_i u_j} - \frac{2}{3}k\delta_{ij}\right) - \frac{2}{3}\delta_{ij}(\varepsilon - C_2 G_{kk}) = 0 \quad (2.3.33)$$

由此得到相应的代数应力模式(ASM)的表达式为

$$\overline{u_i u_j} = \frac{2}{3}k\delta_{ij} + \frac{1 - C_2}{C_1}\frac{k}{\varepsilon}\left(G_{ij} - \frac{2}{3}G_{kk}\delta_{ij}\right) \qquad (2.3.34)$$

在以上代数应力模型中,要将对流项与扩散项完全消去,这对流动的限制过于

严格,所作的近似也相当粗糙。Launder(1982)建议将对流项 C_{ij} 与扩散项 D_{ij} 分别表示为

$$C_{ij} = C_k\left[(1+\alpha)\,\frac{\overline{u_iu_j}}{k} - \frac{2}{3}\alpha\delta_{ij}\right] \tag{2.3.35a}$$

$$D_{ij} = D_k\left[(1+\beta)\,\frac{\overline{u_iu_j}}{k} - \frac{2}{3}\beta\delta_{ij}\right] \tag{2.3.35b}$$

式中 α 与 β 是常数,Launder 建议取为 $\alpha = 0.3, \beta = -0.8$。

根据紊动能 k 的模拟方程,有

$$C_k - D_k = G_{kk} - \varepsilon \tag{2.3.36}$$

由此得到相应的 ASM 表达式为

$$\overline{u_iu_j} = \frac{2}{3}k\delta_{ij} + \frac{k}{\varepsilon}\,\frac{(1-C_2)\left(G_{ij} - \frac{2}{3}G_{kk}\delta_{ij}\right)}{C_1 + \left(\dfrac{G_{kk}}{\varepsilon} - 1\right)(1+\alpha) + (\alpha-\beta)\dfrac{D_k}{\varepsilon}} \tag{2.3.37}$$

3. k-ε 两方程模式

Launder & Spalding 建议用紊动能 k 和紊动能耗散率 ε 两个量来描述紊流的脉动场,由此得到的紊流模式称之为 k-ε 模式。标准 k-ε 模式假定雷诺应力具有如下的本构关系

$$-\overline{u_iu_j} = \nu_T\left(\frac{\partial\overline{u_i}}{\partial x_j} + \frac{\partial\overline{u_j}}{\partial x_i}\right) + \frac{2}{3}k\delta_{ij} \tag{2.3.38}$$

式中 $\upsilon_T = c_\mu\dfrac{k^2}{\varepsilon}$,$k$ 和 ε 的控制方程则分别为

$$\frac{\mathrm{d}k}{\mathrm{d}t} = \frac{\partial}{\partial x_i}\left(\frac{\nu_T}{\sigma_K}\frac{\partial k}{\partial x_i}\right) + G - \varepsilon \tag{2.3.39}$$

$$\frac{\mathrm{d}\varepsilon}{\mathrm{d}t} = \frac{\partial}{\partial x_i}\left(\frac{\nu_T}{\sigma_\varepsilon}\frac{\partial\varepsilon}{\partial x_i}\right) + (c_1G - c_2\varepsilon)\frac{\varepsilon}{k} \tag{2.3.40}$$

式中 $G = -\overline{u_iu_j}\dfrac{\partial\overline{u_i}}{\partial x_j} = \dfrac{1}{2}\nu_T\left(\dfrac{\partial\overline{u_i}}{\partial x_j} + \dfrac{\partial\overline{u_j}}{\partial x_i}\right)^2$ 称为紊动能产生项。该模式中各系数取值如表 2-1 所示。

表 2-1　标准 k-ε 模式中各系数取值

c_μ	c_1	c_2	σ_k	σ_ε
0.09	1.44	1.92	1.0	1.3

k-ε 模式属于一种涡黏性模式(EVM),为说明 ASM 与 EVM 之间的关系,下面对薄剪切层流动的 ASM 形式进行简化。由式(2.3.34)可知

$$\overline{u_1 u_2} = \frac{1-C_2}{C_1} \frac{k}{\varepsilon}\left(-\overline{u_2^2} \frac{\partial \overline{u_1}}{\partial x_2} \right) \tag{2.3.41a}$$

$$\overline{u_2^2} = \frac{2}{3} k\left(1 - \frac{1-C_2}{C_1} \frac{G}{\varepsilon} \right) \tag{2.3.41b}$$

将式(2.3.41a)和(2.3.41b)合并,得到

$$\overline{u_1 u_2} = -\frac{2}{3} \frac{1-C_2}{C_1} \frac{k^2}{\varepsilon}\left(1 - \frac{1-C_2}{C_1} \frac{G}{\varepsilon} \right) \frac{\partial \overline{u_1}}{\partial x_2} \tag{2.3.42}$$

若将其写成 $k\text{-}\varepsilon$ 方程的形式,则有

$$-\overline{u_1 u_2} = C_\mu \frac{k^2}{\varepsilon} \frac{\partial \overline{u_1}}{\partial x_2} \tag{2.3.43}$$

由此得到

$$C_\mu = \frac{2}{3} \frac{1-C_2}{C_1}\left(1 - \frac{1-C_2}{C_1} \frac{G}{\varepsilon} \right) \tag{2.3.44}$$

由于 G 和 ε 均为空间坐标的函数,因此 C_μ 不是常数。由此可见, $k\text{-}\varepsilon$ 模型是最简单的 ASM 模型在紊动能产生率与耗散率之比为常数的情况下的一种特例。当然,从本文给出的较复杂的 ASM 形式也能给出 C_μ 的类似形式,其区别仅是其表达形式更为复杂而已,在此不做介绍。

$k\text{-}\varepsilon$ 模式是目前应用较多的紊流模型。与 ASM 相比, $k\text{-}\varepsilon$ 模型具有较多优点,如计算所需内存较少,计算稳定等,但因该模式中的系数是根据某些较简单的典型流动实验所确定,其对高速水流中一些具有复杂边界条件的紊流运动不一定能很好地模拟,且在如下流动的模拟中, $k\text{-}\varepsilon$ 模型不太适合:① 槽道横断面上由应力场的各向异性所生成的二次流不能用 $k\text{-}\varepsilon$ 模型来模拟;② 由于雷诺应力产生率对即使是很小的纵向曲率都十分敏感,但因 $k\text{-}\varepsilon$ 模型对附加的应变不存在放大作用,因此对此类流动的模拟不合适;③ 一般而言,流动越复杂, $k\text{-}\varepsilon$ 模型模拟出的雷诺应力精度越低。

4. 半经验理论模型

紊流半经验理论有混合长度模型,涡量传递模型等,在工程计算中,对二维流动多采用混合长度模型,一方面由于其形式简单,计算工作量小,在某些流动中计算成果的精度满足工程要求,因而在工程计算中至今仍被广泛采用。另一方面严格讲一般又不能用平均速度梯度的形式来表示雷诺应力,其原因在于紊动黏性系数与平均速度梯度(变形速率)均与紊流的流态有关,因此用平均速度梯度的形式来表示雷诺应力所得的表达式与流动的边界形状有关,不具有通用性,但是,在某些类型的紊流或紊流的某些区域中,还是存在雷诺应力用平均速度梯度表示的本构关系的条件,对边壁切变紊流,此类条件可考虑为[4]:紊流特征时间 t_p 和平均运动区域影响时间 T_d 之比 $t_p/T_d \ll 1$ 和离边壁的最近距离大于边界层内区的特征

长度尺度 $l_p \approx 40\dfrac{\nu}{u_*}$。下面仅对混合长度模型进行介绍。

混合长度模型是 Prandtl 在 1925 年针对紊流边界层首先提出的。他认为分子热运动和紊流中涡体的脉动具有相似性,并参照分子运动论所给出的计算分子运动黏性系数的公式,其所提出紊动动力黏性系数的计算公式为

$$\mu_t = \rho l_m u' \tag{2.3.45}$$

并进一步假设

$$\mu' = l_m \left| \frac{\partial \bar{u}}{\partial y} \right| \tag{2.3.46}$$

联立式(2.3.45)和式(2.3.46),得到

$$\mu_t = \rho l_m^2 \left| \frac{\partial \bar{u}}{\partial y} \right| \tag{2.3.47}$$

式中 $\bar{u}$ 表示纵向时均流速,l_m 为混合长度,其在不同的流动中有不同的表达形式。下面对其作一简要介绍。

1)自由切变紊流

如前所述,自由切变紊流包括射流、混合层、尾流等,从溢流坝挑流鼻坎挑射出的水流也属于自由切变紊流。自由切变紊流的混合长度在与主流相垂直的方向上不变,其仅与当地混合层的宽度 B 成正比,即

$$l_m = \lambda B(x) \tag{2.3.48}$$

式中 λ 为一随流动形式而变的常数,其值如表 2-2 所示。

表 2-2　λ 取值汇总表

流动结构	宽度 B	λ
平面混合层	混合层宽度	0.07
静止环境中的平面射流	射流半宽	0.09
静止环境中的扇形射流	射流半宽	0.125
静止环境中的圆形射流	射流半宽	0.075

2)紊流边界层

紊流边界层分为内区和外区,而内区又可进一步细分为黏性底层、缓冲层与对数区。Escudier(1965)通过对大量实验与计算成果的分析建议对黏性底层之外的紊流边界层,其混合长度可取为

当 $\dfrac{y}{\delta} \leqslant \dfrac{c}{K}$ 时

$$l_m = Ky \tag{2.3.49}$$

当 $\dfrac{y}{\delta} > \dfrac{c}{K}$ 时

$$l_{\mathrm{m}} = c\delta \tag{2.3.50}$$

式中 y 是到壁面的垂直距离,δ 是边界层厚度,c 与 K 是两个系数。对一般的紊流边界层,取 $K = 0.41$ 和 $c = 0.09$ 时,数值模拟成果与实验成果吻合较好。但对壁面射流,则较难归纳出普遍适用的 c、K 值。数值模拟成果表明:

当 $K = 0.435$,$c = 0.09$ 时,计算出的边界层扩展速率与实验值相符;

当 $K = 0.5$,$c = 0.0625$ 时,计算出的壁面切应力与实验值相符;

当 $K = 0.6$,$c = 0.075$,时,计算出的速度分布与实验值相符。

在黏性底层内部,一方面时均速度梯度增加,导致与分子扩散有关的切应力的增加;另一方面,固壁对紊动的抑制作用又降低了紊流的输运强度。为综合反映这两方面的特性,Van Driest(1956)提出如下修正公式

$$\mu_{\mathrm{e}} = \mu + \rho l_{\mathrm{m}}^2 \left| \frac{\partial \bar{u}}{\partial y} \right| \tag{2.3.51}$$

$$l_{\mathrm{m}} = Ky\left[1 - \exp\left(-\frac{y\tau_{\mathrm{w}}^{0.5}\rho^{0.5}}{A\mu} \right) \right] \tag{2.3.52}$$

式中 $A = 26$ 为一常数。

当通过固壁的紊流边界层存在沿主流方向的压力梯度,或者通过固壁有质量或热量交换,或者固壁表面有天然或人工加糙时,需要对体现紊流输运作用的混合长度公式进行修正。

3) 圆管内充分发展的紊流

对于圆管内充分发展的紊流(通常发生在与管口的距离大于 $100R$,R 为圆管半径),其混合长度可参照 Nikuradse 公式计算

$$\frac{l_{\mathrm{m}}}{R} = 0.14 - 0.08\left(1 - \frac{y}{R} \right)^2 - 0.06\left(1 - \frac{y}{R} \right)^4 \tag{2.3.53}$$

式中 y 表示与轴线之间的距离。在十分接近管壁的区域,由于分子黏性作用相对增强,混合长度应按照与固壁附近紊流边界层相似的方法进行修正。

2.4 紊流特征量及其计算

运用紊流模型进行数值计算可以获得低阶统计量的计算成果,通过实验对实测紊动信号进行处理同样可以获得低阶统计量。如将紊流场视为各态历经的随机场,则可用如下的低阶统计量来对其进行描述:①均值;②均方值(包括均方根值);③概率密度函数;④相关函数;⑤谱密度函数。

如图 2-1 所示,以 $x(t)$ 表示紊流场中某一样本(可以是脉动流速,也可以是脉动压强)的时间历程记录,现对其以间隔为 Δt 进行采样,得到相应的离散样本为 $(x(i); i = 1, \cdots, N)$。用离散数据替代连续随机样本记录来获得紊流场中的低阶统计量是近似的,其涉及两个方面的问题:问题之一是离散数据的采样,其二则是

紊动特征量的计算。

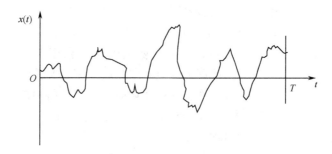

图 2-1　紊动样本时间历程记录

2.4.1　离散数据的采样

1）采样时间间隔

从理论上来看,采样时间间隔 Δt 愈小愈好。如时间间隔过小,一方面数据量及其处理工作量大大增加,另一方面对低阶统计量也无必要。但如时间间隔取得过大,又可能引起频率混淆。在实际工作中,Δt 通常由分辨信号的最高频率,即奈奎斯特频率 f_c 来决定,其表达式为

$$\Delta t = \frac{1}{2f_c} \tag{2.4.1}$$

一般讲 f_c 以大于信号预估最高频率的 1.5 或 2 倍为好。例如,要求分辨信号的最高频率为 50Hz,则 $\Delta t = 0.01s$。

2）样本容量

分别以 N 和 T 表示样本容量与样本记录长度,对于各态历经的随机过程,离散数据的样本容量应满足两方面的条件:其一是样本容量必须比数据中最低频率分量长得多,而且能反映时间历程的起伏;其二是低阶统计量的估计值,尤其是谱密度函数的精度应满足要求。

谱密度函数的标准化均方根误差 ε_r 为

$$\varepsilon_r^2 = \frac{1}{B_e T} \tag{2.4.2}$$

式中 $B_e = \dfrac{1}{m\Delta t}$ 为选择的分辨带宽;m 为相关滞后值的最大值,对于高速水流的脉动量,通常取 $m = 0.1N$。由此得到样本容量的表达式为

$$N = \frac{m}{\varepsilon_r^2} \tag{2.4.3}$$

2.4.2 紊动特征量的计算

1）均值

样本 $x(t)$ 的均值 $\bar{x}$ 的定义为

$$\bar{x} = \frac{1}{T}\int_0^T x(t)\mathrm{d}t \qquad (2.4.4)$$

其离散形式的表达式为

$$\bar{x} = \frac{1}{N}\sum_{i=1}^N x_i \qquad (2.4.5)$$

2）均方值

均方值 σ_x^2 的定义为

$$\sigma_x^2 = \frac{1}{T}\int_0^T [x(t) - \bar{x}]^2 \mathrm{d}t \qquad (2.4.6)$$

其离散形式的表达式为

$$\sigma_x^2 = \frac{1}{N}\sum_{i=1}^N [x(i) - \bar{x}]^2 \qquad (2.4.7)$$

除均方值外，通常还用偏态系数 C_K 及峰凸系数 C_Q 来反映样本特性，其定义及离散形式分别为

$$C_K = \frac{1}{T}\int_0^T [x(t) - \bar{x}]^3 \mathrm{d}t = \frac{1}{N}\sum_{i=1}^N [x(i) - \bar{x}]^3 \qquad (2.4.8)$$

$$C_Q = \frac{1}{T}\int_0^T [x(t) - \bar{x}]^4 \mathrm{d}t = \frac{1}{N}\sum_{i=1}^N [x(i) - \bar{x}]^4 \qquad (2.4.9)$$

对于标准正态分布的样本，有

$$C_K = 0, \qquad C_Q = 3\sigma_x^2 \qquad (2.4.10)$$

3）概率密度函数

以 $f(x)$ 表示样本 $x(t)$ 的概率密度函数，其定义为

$$f(x) = \lim_{\Delta x \to 0} \frac{1}{\Delta x}\left(\lim_{T \to \infty} \frac{\sum_{i=1}^N \Delta t_i}{T} \right) \qquad (2.4.11)$$

其离散形式为

$$f(x_i) = \frac{N_i}{N}\frac{N_x}{(b-a)} \qquad (2.4.12)$$

式中 a、b 分别为样本的最小值及最大值，N_x 为 a、b 之间所划分的区间数，N_i 为 N 个数据位于区间 $\left[a + (i-1)\frac{b-1}{N_x}, a + i\frac{b-1}{N_x} \right]$ 的数目。

4）相关函数

相关有自相关与互相关两种，而根据所依赖的变量又可分为时间相关、空间相关及时空相关。样本 $x(t)$ 的自相关函数定义为

$$R_x(\tau) = \lim_{T \to \infty} \frac{1}{T} \int_0^T x(t)x(t+\tau)\mathrm{d}t \qquad (2.4.13)$$

其在滞后 $\tau = j\Delta t$ 时刻的自相关函数离散形式为

$$R_x(j) = \frac{1}{N-j} \sum_{i=1}^{N-j} [x(i) - \bar{x}][x(i+j) - \bar{x}] \qquad (2.4.14)$$

式中 $j = 0,1,2,\cdots,m$，m 为最大滞后数。

从物理意义上来讲，相关函数反映了紊流场中涡体的某种尺度，超过这一尺度，不应再存在相关，也即其相关函数应趋于零。然因数据截断与离散中存在误差，可能导致由式(2.4.14)所计算出的相关函数随着滞后时间的增加并不趋于零的现象出现。对此可采用哈宁滞后权函数

$$D_j = \frac{1}{2}\left[1 + \cos\left(\pi\frac{j}{m}\right) \right] \qquad (2.4.15)$$

进行平滑，也即取

$$R(j) = D_j R_x(j) \qquad (2.4.16)$$

5) 谱密度函数

可以用两种方法计算谱密度函数，其一是直接对原始数据进行快速傅里叶变换，也即采用 FFT 方法，其二是对所得到的自相关函数进行傅里叶变换，其计算式为

$$\Phi(j) = \Phi\left(2\frac{j}{N}f_c\right) = \sum_{i=0}^{m-1} R(i)\cos\left(2\pi j\frac{i}{N}\right) \qquad (2.4.17)$$

根据式(2.4.17)计算所得到的谱称为粗谱。为减少采样误差，一般在实际应用中采用平滑谱。用三点滑动平均所得到的平滑谱计算公式为

$$\Phi(0) = \frac{1}{2}[\Phi(0) + \Phi(1)] \qquad (2.4.18a)$$

$$\Phi(k) = \frac{1}{4}[\Phi(k-1) + 2\Phi(k) + \Phi(k+1)] \qquad (2.4.18b)$$

$$\Phi(m) = \frac{1}{2}[\Phi(m-1) + \Phi(m)] \qquad (2.4.18c)$$

式中 $k = 1,2,\cdots,m-1$。相应于谱密度函数最大值的频率称为相应脉动信号的主频率或优势频率。

2.5 脉 动 壁 压

脉动壁压是作用在结构壁(表)面上紊流脉动压强的简称。作用于结构表面上所有点上的脉动壁压形成的合力构成了作用于结构上的激振力，因此，脉动壁压强度、主频率及其频谱特性，是结构设计中甚为关注的物理量。对于水利水电工程中的脉动壁压问题[5]，研究成果主要集中在四个方面，即：

（1）脉动壁压的形成机理；

（2）高速水流单点脉动壁压统计特性；

（3）高速水流脉动壁压的空时相关及波数频率谱特性；

（4）压力传感器形状与尺寸对脉动壁压实测值的影响。

2.5.1 脉动壁压的形成机理

过去一般将恒定流情况下某点实测的脉动壁压看成是各态历经的平稳随机过程，认为其是时间的随机函数，并用统计分析或随机分析法加以研究。但近二十多年来，随着水流量测技术的改进及人们对紊流认识水平的提高，对脉动壁压机理的认识也更加深入。实验资料表明，脉动壁压并不完全是随机的，而是存在着拟序性，也即在其时间样本历程上脉动壁压信号间歇地处于活动期和平静期的交替状态，反映出紊流相干结构的特征[6~10]。

对于不可压缩流体，其脉动压强场的控制方程为

$$\frac{\partial^2 p}{\partial x_j x_j} = -\rho \left[2 \frac{\partial \overline{u_i}}{\partial x_j} \frac{\partial u_j}{\partial x_i} + \frac{\partial^2}{\partial x_i x_j} (u_i u_j - \overline{u_i u_j}) \right] \quad (2.5.1)$$

式(2.5.1)中右边第一项为时均流速梯度与紊动相互作用项，右边第二项则为紊动与紊动相互作用项。如果壁面为一平面($x_2 = 0$)，则利用 Green 函数可得作用在壁面上的脉动压强为

$$\begin{aligned} p = &-\frac{\rho}{2\pi} \int_V \left[2 \frac{\partial \overline{u_i}}{\partial x_j} \frac{\partial u_j}{\partial x_i} + \frac{\partial^2}{\partial x_i x_j} (u_i u_j - \overline{u_i u_j}) \right] \frac{\mathrm{d}V}{r} \\ &-\frac{\rho}{2\pi} \int_S \frac{\partial \tau_{i2}}{\partial x_i} \frac{\mathrm{d}S}{r} \quad (i \neq 2) \end{aligned} \quad (2.5.2)$$

式中 τ_{i2} 是壁面上的切应力，其值为

$$\begin{aligned} \tau_{i2} &= \mu \left(\frac{\partial u_i}{\partial x_2} + \frac{\partial u_2}{\partial x_i} \right)_{x_2 = 0} \\ &= \mu \left(\frac{\partial u_i}{\partial x_2} \right)_{x_2 = 0} \quad (i \neq 2) \end{aligned} \quad (2.5.3)$$

1. 表面积分项对脉动壁压的贡献

下面对式(2.5.3)中的表面积分项的量阶进行估计。将壁面上的切应力 τ_{i2} 展开，得到

$$\frac{\partial \tau_{i2}}{\partial x_i} = \frac{\partial \tau_{12}}{\partial x_1} + \frac{\partial \tau_{32}}{\partial x_3} \quad (2.5.4)$$

而在固壁 $x_2 = 0$ 上，由沿垂向的动量方程，得

$$-\frac{\partial p}{\partial x_2} + \frac{\partial \tau_{i2}}{\partial x_2} = \rho \frac{\partial u_2}{\partial t} = 0 \tag{2.5.5}$$

Kraichnan[11]与 Burton[6]分别对表面积分项对脉动壁压的贡献进行了分析,其中 Burton 的分析是基于对壁面上脉动切应力及其空间尺度的量测而做出的。由式(2.5.5)有

$$\frac{\partial p}{\partial x_2} = \frac{\partial \tau_{i2}}{\partial x_2} \tag{2.5.6}$$

Burton 假设脉动切应力的量阶为

$$\tau_{i2} \approx \tau_{32} \approx \overline{\tau_w^2}^{\frac{1}{2}} \tag{2.5.7}$$

因而,有

$$\left[\overline{\left(\frac{\partial p}{\partial x_2}\right)^2} \right]_{x_2=0}^{1/2} \approx 2 \frac{\overline{\tau_w^2}^{1/2}}{\Lambda_\tau} \tag{2.5.8}$$

式中 Λ_τ 为壁面上脉动切应力的空间尺度。因此,表面积分项对脉动壁压的贡献可近似表示为

$$\overline{p_s^2} \approx A_c \overline{\left(\frac{\partial \tau_{i2}}{\partial x_i}\right)^2} \approx \frac{A_c}{\Lambda_\tau^2} \overline{\tau_w^2} \tag{2.5.9}$$

式中 A_c 表示脉动切应力相关区域的面积。通过实验研究,Burton 总结出

$$\overline{\tau_w^2} \approx 0.004 \, \overline{p_s^2} \tag{2.5.10}$$

式中 $\overline{p_s^2}$ 为作用在表面上脉动压强的均方值。因此,即使取 $A_c \approx \Lambda_\tau^2$,表面积分项对脉动壁压均方值的贡献也仅为 $0.004 \, \overline{p_s^2}$,而其对脉动壁压均方根值的贡献也最多不过 $0.06\sqrt{\overline{p_s^2}}$。

2. 紊流边界层中的相干结构

近壁区的紊动结构对脉动壁压具有重要影响。因此,紊流边界层中存在的相干结构对脉动壁压的影响就成为人们甚为关注的一个课题。我们的研究成果表明[10]:

从横向上来看,紊流边界层内的相干结构反映为近壁区的条带结构。也即在壁面附近的流动中,顺流向出现快、慢相间的细长流带。这里所说的快、慢指的是流带的瞬时纵向速度大于或小于当地的时均流速。图 2-2 给出了我们用氢气泡技术进行流动显示所拍摄的近壁区条带结构图,图中氢气泡密集区为慢速条带。条带结构不仅在固壁附近存在,在水气交界面附近同样存在。研究表明,条带结构具有如下特性:

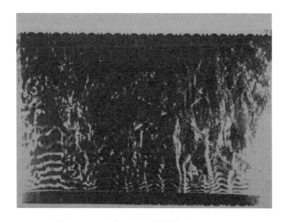

图 2-2 近壁区条带结构图

1) 水力光滑壁面

已有的研究成果表明[7,8],在平板边界层中,慢速条带的纵向速度约为当地时均流速的一半,而与其相邻的快速条带的纵向速度则约为当地时均流速的 1.5 倍。壁面附近($0 < x_2^+ < 30$)的慢速条带具有如下统计特性:

条带纵向长度:$1000 \sim 2000 \nu / u_*$

条带垂向厚度:$10 \sim 25 \nu / u_*$

条带横向间距:$100 \sim 125 \nu / u_*$

式中 ν 为流体的运动黏性系数,u_* 为摩阻流速。对于 $x_2^+ > 30$ 区域的慢速条带,研究成果表明[8],条带无量纲横向间距 $\bar{\lambda}^+ (= u_* \bar{\lambda} / \nu)$ 随着离开壁面距离(用 $x_2^+ = u_* x_2 / \nu$ 表示)的增加而增加,其拟合关系式为

$$\bar{\lambda}^+ = \begin{cases} 100 & 0 < x_2^+ < 30 \\ 18.2754 \sqrt{x_2^+} & x_2^+ > 30 \end{cases} \quad (2.5.11)$$

事实上,如认为慢速条带的横向间距正比于当地的 Taylor 微尺度 λ_g,即

$$\bar{\lambda} = C_1 \lambda_g \quad (2.5.12)$$

对紊动能耗散率 ε,有

$$\varepsilon = 5 \nu \frac{q^2}{\lambda_g^2} \quad (2.5.13)$$

式中 $q^2 = \dfrac{\overline{u_1^2} + \overline{u_2^2} + \overline{u_3^2}}{3}$ 为紊动能。考虑到在缓冲区的上缘及对数区的下缘($x_2^+ > 30$),紊动能的产生仅略大于耗散,从而有

$$- \overline{u_1 u_2} \frac{\mathrm{d} \overline{U_1}}{\mathrm{d} x_2} \approx \alpha \varepsilon \quad (2.5.14)$$

式中 α 为一略大于 1 的系数。近似取 $-\overline{u_1 u_2} = C_2 u_*^2$，$q^2 = C_3 u_*^2$，$\dfrac{\mathrm{d}\overline{U_1}}{\mathrm{d}x_2} = \dfrac{u_*}{\kappa x_2}$，并将其代入式(2.5.12)与式(2.5.13)即可得到

$$\overline{\lambda}^+ = C_5 \sqrt{x_2^+} \tag{2.5.15}$$

式中

$$C_5 = \sqrt{5\alpha C_1^2 C_3 \kappa / C_2} \tag{2.5.16}$$

2）壁面粗糙度的影响

我们曾对壁面均匀密集加糙对相干结构的影响进行过实验研究[10]，实验成果表明，当粗糙雷诺数 Re_* 约小于 70 时，近壁区仍存在条带结构。随着 Re_* 的增加，慢速条带长度显著缩短，而其无量纲横向条带间距则呈现出两种变化趋势，在实验范围内其拟合关系式为

$$\frac{\overline{\lambda_R}^+}{\overline{\lambda_S}^+} = \begin{cases} \exp(0.186 Re_* - 0.6547) & Re_* < 5 \\ \exp(-0.0244 Re_* - 0.0364) & Re_* > 5 \end{cases} \tag{2.5.17}$$

式中 $\overline{\lambda_R}^+$ 及 $\overline{\lambda_S}^+$ 分别表示壁面加糙及水力光滑条件下慢速条带的无量纲横向间距。

3）逆压梯度的影响

在零压梯度紊流边界层近壁区，慢速条带相对较窄，而快速条带则较宽。但在存在逆压梯度时，慢速条带则变宽，且其宽度可与快速条带的宽度相当，而慢速条带的横向间距则服从对数正态分布，详见文献[12]。

4）切变强度的影响

对均匀切变流，其纵向脉动流速的谱函数 $\phi_{11}(k_3', x_2)$ 在横向上的峰值是流动中是否存在条带结构的直接表现[13]。Lee[14]等用 $\phi_{11}(k_3', x_2)$ 取峰值时的 $k_3'^{(s)}$ 来定义条带平均横向间距，也即取 $\lambda_z' = 1/k_3'^{(s)}$。研究成果表明，$\lambda_z'$ 随离开壁面距离 x_2' 的增加而增加，其趋势近似与紊流边界层中条带横向间距变化趋势相一致。此外，条带横向间距主要受切变效应所影响，而与壁面的锁相作用关系不大，且在无切变边界层中并不存在条带结构。

5）气液交界面

Rashidi 等[15]曾对气液交界面（自由滑移边界条件）附近的条带结构进行过研究，研究成果表明，如以角标 l 表示相应于液体的物理量，则气液交界面附近液体侧慢速条带的无量纲横向间距与固壁附近慢速条带的无量纲横向间距相同（但需用 $\sqrt{\tau_l/\rho}$ 替代摩阻流速 u_*，τ_l 为气液交界面上的切应力），且慢速条带无量纲横向间距随着离开交界面距离的增加而增加的趋势也与固壁的情形相同。由于流体在固壁处的边界条件为无滑移边界条件，由其推测壁面滑移与否对条带结构的影响不大。

从纵向上来看，运用氢气泡技术进行流动显示，我们观察到紊流边界层中的相

干结构具有如下演变过程[16,17]：

（1）流动处于平静期，流速的脉动量相对较小，而后流动在边界层外区的局部区域内失稳形成横向涡。横向涡形成后，在向下游移动的同时缓慢地沿垂向上升，其尺度也逐渐增大。

（2）横向涡与边壁相互作用，引起边壁附近慢速条带的形成并缓慢上升。当横向涡上升到一定位置后，横向涡破裂，其诱导作用随之消失，慢速条带开始振荡、破裂，形成猝发现象。

（3）由于流动连续性的要求，当近壁区的慢速条带上升到高速区的同时，高速区的水流则向边壁流动，以补充上升的慢速条带所留下的空间，形成高速流体自上而下的扫掠。

（4）猝发和扫掠出现后，流动结构重新调整，又开始新一轮相干结构的形成与发展过程。

3．脉动壁压相干模式

紊流相干结构的存在使脉动壁压的时间样本历程上交替出现活动期和平静期。活动期虽然持续时间短，出现频率低，但其对脉动壁压的贡献却非常大。传统的随机分析法没有完全反映出活动期的特征，相反将其淹没在长时间的平均中。下面分析脉动壁压的相干模式及其识别方法[18]。

如前所述，相干结构出现时紊流近壁区的流动演化大致可分为猝发与扫掠两个阶段。分别对此两阶段的脉动流速进行条件采样，并对采样信号作相位平均，得到脉动流速的相干模式，如图 2-3 所示。

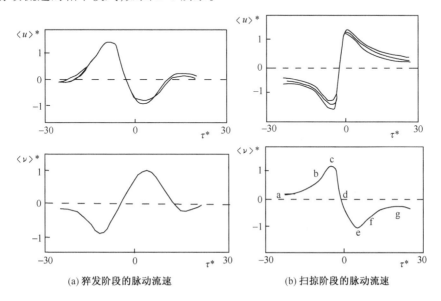

（a）猝发阶段的脉动流速　　　　　（b）扫掠阶段的脉动流速

图 2-3

为求得相应的脉动壁压相干模式,认为脉动壁压的贡献主要来源于紊动与时均切应力相互作用项,从而可将脉动壁压的相干模式表示成

$$\langle p \rangle = \frac{\rho}{\pi} \int\limits_{x_2 > 0} \frac{\partial \overline{u_i}}{\partial x_j} \frac{\partial \langle u_j \rangle}{\partial x_i} \frac{\mathrm{d}V(\vec{x_s})}{|\vec{x} - \vec{x_s}|} \qquad (2.5.18)$$

式中$\langle p \rangle$与$\langle u_j \rangle$分别表示脉动壁压与脉动流速的相干模式。图2-4分别给出了相应于猝发与扫掠的相干模式。由于猝发与扫掠是一个相干事件的两个阶段,分别以两个阶段的相应特征为条件而得到的相干模式,所反映的相干事件与流动结构应相同,其区别仅仅在于模式参考点的选择不同。经对以上两种相干事件的相位进行更正,得到完整的脉动壁压相干模式,如图2-5所示。

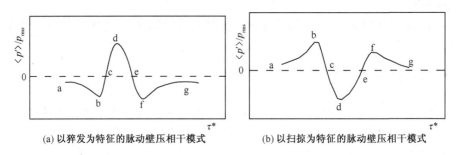

(a) 以猝发为特征的脉动壁压相干模式   (b) 以扫掠为特征的脉动壁压相干模式

图 2-4

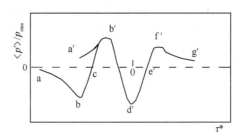

图 2-5　完整的脉动壁压相干模式

4. 脉动壁压相干模式的识别

脉动壁压相干模式的识别需要应用模式识别方法。这里所说的模式识别指的是将脉动壁压满足某些条件的信号识别出来,并将其作为样本取出,经过相位平均,最后得到相应的脉动壁压相干模式。由于需将掩盖在背景紊流场中的相干运动事件检测出来,因此需设计一种抑制背景紊流信号并加强相干运动信号的检测方法,其基本步骤为:

(1) 通过长时间平均求出脉动壁压信号的紊动强度;

(2) 通过滑动平均对标准化后的脉动壁压信号作滤波处理,以区分出处于活动期的信号;

（3）以处于活动期的脉动壁压信号作为检测相干模式的条件,并对满足条件的信号进行采样。

利用直径为 3mm 的压力传感器实测出作用于陡槽底部的脉动壁压信号,采用以上方法对脉动壁压相干模式进行识别。定义标准化后的脉动壁压信号 p 的方差为

$$\mathrm{Var}(p) = \frac{\int_{t-T/2}^{t+T/2} (p - \langle p \rangle)^2 p^3 \mathrm{d}\tau}{\int_{t-T/2}^{t+T/2} p^3 \mathrm{d}\tau} \qquad (2.5.19)$$

式中 $\langle p \rangle$ 为对标准化后的脉动壁压信号作滤波处理所得到的处于活动期的脉动壁压信号;T 为滑动平均时间长度。

很显然,以 $\mathrm{Var}(p) > K$ 为条件进行采样所得到的量是相应于猝发阶段的量,而以 $\mathrm{Var}(p) < -K$ 为条件进行采样所得到的量则是相应于扫掠阶段的量。图 2-6 给出了取 $K = 1.8$ 时经过模式识别与相位平均所得到的分别相应于猝发与扫掠的脉动壁压相干模式。

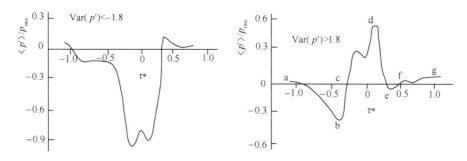

图 2-6　脉动壁压相干模式的识别

2.5.2　高速水流单点脉动壁压统计特性

根据紊流运动的特征,可将水利工程中切变紊流的脉动壁压分为两种[19],即平顺水流情况下的脉动壁压与强紊流情况下的脉动壁压。前者与作用在缓变边界紊流场中泄水建筑物(溢流式厂房顶、泄水渡槽等)边界上的动水荷载有关,同时也与某些光滑边界上水流的空化及水弹性振动问题有关,由于在此条件下的脉动壁压是由近壁区较小的涡体产生的,这些小涡体的脉动频率高,随机性强,所形成的脉动壁压相应地表现出振幅小、频率高的特征。强紊流情况下的脉动壁压则与水跃区或射流冲击边壁的局部区域中水工结构的动力荷载及空化水流有关,其脉动壁压主要受自由流区大涡体紊动的惯性所控制,因此脉动壁压相应有振幅大、频率低的特点。

脉动壁压的概率分布与均方根值(亦即脉动壁压强度),是工程设计中甚为关注的量。严格来说脉动壁压在时间历程上是不服从正态分布的,但在实用上为方便起见仍将其视为正态分布。根据正态分布的特性,脉动壁压信号出现概率大于99.7%的幅值为

$$p_{99.7\%} = 3\sqrt{\overline{p^2}} \qquad (2.5.20)$$

因此,以时均压强和脉动壁压均方根值的3倍之和作为作用在建筑物某点的总压强值常为实际计算所采用。

1) 紊流边界层的脉动壁压

Kraichnan[11]假设紊流边界层的脉动壁压主要与紊动及时均速度梯度项有关,并在边界层理论的基础上,导出脉动壁压强度的表达式为

$$\sqrt{\overline{p^2}} = \alpha\rho u_*^2 = C\tau_0 \qquad (2.5.21)$$

式中 τ_0 是壁面上的时均切应力,C 为与紊动特性有关的一个系数,其取值下限为 $C_{min}\approx 2.0$;上限为 $C_{max}\approx 5.0$。图2-7给出了 β 随边界层雷诺数的变化,由图2-7可知,C 随雷诺数 Re 的增加而趋于常数。

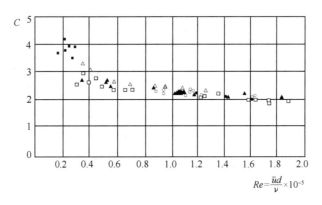

图 2-7 C 随雷诺数 Re 的变化

对紊流边界层壁面上的时均切应力 τ_0 有

$$\tau_0 = \frac{C_f}{2}\rho U^2 \qquad (2.5.22)$$

式中 U 为边界层外的自由流流速,C_f 为局部水力摩阻系数,对水力光滑区,其值为

$$\frac{1}{\sqrt{C_f}} = 4.1\lg(\sqrt{C_f}Re_\delta) + 4.33 \qquad (2.5.23)$$

对水力粗糙区,其值为

$$\frac{1}{\sqrt{C_f}} = 4.06\lg\left(\frac{\delta}{\Delta}\right) + 8.56 \qquad (2.5.24)$$

式中 $Re_\delta = \dfrac{U\delta}{\nu}$ 为雷诺数,δ 为边界层厚度,Δ 为壁面的粗糙度,ν 为运动黏性系数。

合并式(2.5.21)与式(2.5.22),得

$$C_p = \frac{\sqrt{\overline{p^2}}}{\frac{1}{2}\rho U^2} = C C_f \qquad (2.5.25)$$

式中 C_p 为脉动壁压强度系数,其值一般变化于 $0.01\sim0.02$。在高速水流条件下,自由表面存在波动,并可能还有掺气现象出现。因此,对具有自由表面的掺气水流,建议取 $C_p = 0.015$。

传感器尺寸对实测的脉动壁压强度有影响。室内实验中以 Schewe[20] 所采用的传感器尺寸最小,其在以边界层动量厚度 θ 为尺度的雷诺数 $Re_\theta = 1700$ 时,所得到的 C 值为 2.46,相应的传感器无量纲直径为 $\dfrac{u_* d}{\nu} = 20$,式(2.5.25)中 u_* 为摩阻流速。

紊流边界层脉动壁压的谱密度函数也是人们颇为关注的问题。有关壁面光滑与粗糙条件下以外区变量为参数进行无量纲化后所得的脉动壁压谱密度函数如图 2-8 所示[21]。对于图中的实验数据,其边界层厚度 δ 与其排挤厚度 δ^* 之比 $\dfrac{\delta}{\delta^*}$ 变化于 $6\sim10$。边界层排挤厚度 θ 的定义为

$$\delta^* = \int_0^\infty \left[\frac{U - \overline{u_1}(x_2)}{U}\right]\mathrm{d}x_2 \qquad (2.5.26)$$

式中 U 为边界层外部势流区流速。根据壁面粗糙度与边界层中压力梯度的差异,δ^* 一般变化于 $\dfrac{1}{5}\delta\sim\dfrac{1}{8}\delta$。

由图 2-8 可知,如 $\dfrac{\omega\delta^*}{U} < 3$(式中 $\omega = 2\pi f$ 为圆频率),壁面光滑与粗糙条件下以外区变量为参数进行无量纲化后所得到的脉动壁压谱密度函数能较好地吻合在一起。仅从壁面光滑条件下的脉动壁压谱密度函数来看,当 $\dfrac{\omega\delta^*}{U}$ 变化于 $0.4\sim8.0$ 之间时,谱密度函数随 ω 的增加按 $\omega^{-0.7}$ 衰减,但如 $\dfrac{\omega\delta^*}{U} > 8.0$,谱密度函数则按 ω^{-5} 衰减。相应于最大谱密度的圆频率为 $\dfrac{\omega\delta^*}{U} = 0.1\sim0.3$。

图 2-9 给出了紊流边界层中以内区变量为参数所得到的无量纲脉动壁压谱密度函数的变化,图 2-9 中给出了 Blake,Emmerling 和 Schewe 的实验资料。由图 2-9 可知,如 $\dfrac{\omega\nu}{u_*^2} < 0.1$,谱密度函数有随雷诺数增加而逐渐增加的趋势,但当 $0.1 <$

$\dfrac{\omega\nu}{u_*^2}<0.5$ 时,所有实验资料均吻合在一起,并有随 ω 的增加而按 ω^{-1} 衰减的趋势。

一般认为,当 $\dfrac{\omega\delta^*}{U}$ 大于 $15\sim20\left(\text{相应于}\dfrac{\omega\delta}{U}\sim100\right)$ 时,处于黏性底层中的涡成为对脉动壁压的主要贡献者,此时应考虑用内区变量将脉动壁压谱密度函数规一化。

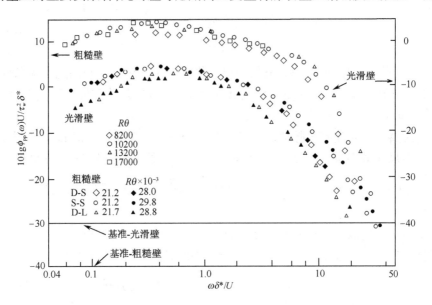

图 2-8 以外区变量为参数无量纲化后的脉动壁压谱密度函数

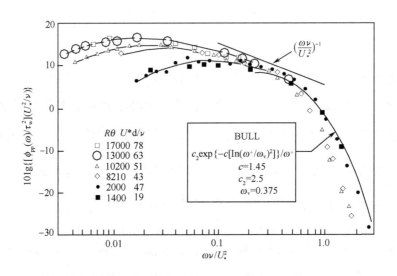

图 2-9 以内区变量为参数无量纲化后的脉动壁压谱密度函数

综上所述,脉动壁压谱密度函数的内区变量规一化 $\left[\dfrac{\Phi_{pp}(\omega)}{\tau_w^2}\dfrac{u_*^2}{\nu}\right]$ 和 $\dfrac{\omega\nu}{u_*^2}$ 适用于 $\dfrac{\omega\nu}{u_*^2}>0.1$ 的高频区;而其外区变量规一化 $\left[\dfrac{\Phi_{pp}(\omega)}{\tau_w^2}\dfrac{U}{\delta^*}\right]$ 和 $\dfrac{\omega\delta^*}{U}$ 则适用于 $\dfrac{\omega\delta^*}{U}<2$ 的低频区。

图 2-10 给出了 Corcos[22] 所得到的管流中脉动壁压谱密度函数图,图 2-11 给出了新成羽的原型观测成果[23]。由图 2-11 可知,脉动壁压的能量主要集中在低频区,而高频区的谱密度函数则迅速衰减。此外,从实验中还得到脉动壁压信号的同步空间范围是长轴为 $2L_x$,短轴为 $2L_y$ 的椭圆,其中

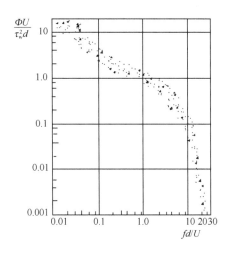

图 2-10 管流中脉动壁压谱密度函数

$$L_x \approx 7\delta^* \qquad\qquad (2.5.27\text{a})$$

$$L_y \approx \delta^* \qquad\qquad (2.5.27\text{b})$$

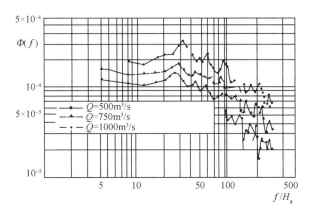

图 2-11 脉动壁压谱密度函数原型观测资料

2) 水跃区的脉动壁压

水跃区属强紊流区,其脉动壁压与消力池中的护坦及导墙的振动密切相关,但其脉动壁压场却比紊流边界层的脉动壁压场复杂得多,究其原因主要在于脉动壁压场的空间不均匀性。因此,有关水跃区中脉动壁压问题的研究迄今为止仍以试验研究为主,尚缺乏对其进行描述的统一理论。

与紊流边界层的脉动壁压不同,水跃区水流紊动强烈,因此从脉动壁压的源项

来看,紊动-紊动相互作用项至少与紊动-时均切变相互作用项同量级。考虑到水跃区中的脉动壁压主要与其中的大尺度漩涡有关,根据量纲分析,可将脉动壁压强度系数表示成

$$C_{\mathrm{p}} = \frac{\sqrt{\overline{p^2}}}{\frac{1}{2}\rho\,\overline{u_1}^2} = f\left(Fr_1, \eta, \frac{x}{h_1}\right) \qquad (2.5.28)$$

式中 $Fr_1 = \dfrac{\overline{u_1}}{\sqrt{gh_1}}$ 为跃前断面的水流弗劳德数,其中 $\overline{u_1}$ 为跃前断面的平均流速,h_1 为跃前断面水深(第一共轭水深);$\eta = \dfrac{h_{\mathrm{B}}}{h_2}$ 为淹没度,其中 h_{B} 为下游尾水水深,h_2 为跃后断面水深(第二共轭水深),x 为自跃前断面算起向下游的距离。

对于自由水跃,有关脉动壁压强度系数 C_{p} 的试验成果如图 2-12 所示[24]。由图可知,C_{p} 沿程呈现出不均匀变化,表现在自跃前断面起其值沿程增加,至 $\dfrac{x}{h_1} = 12\sim16$ 处达到最大值,而后又迅速衰减,C_{p} 的峰值约为 $C_{\mathrm{pmax}} = 0.05$。以上结论适应于高弗劳德数($Fr_1 = 4.0\sim6.5$)的水跃。

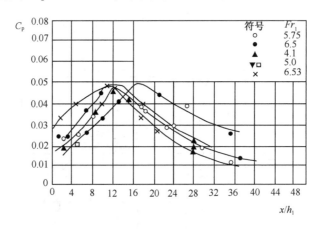

图 2-12　自由水跃脉动壁压强度系数的变化

对于淹没水跃,其脉动壁压强度系数 C_{p} 的变化如图 2-13 所示[25]。由图2-12 可知,当 $Fr_1 = 4.0\sim6.0$ 时,其 C_{p} 的峰值要比自由水跃中的相应值为小;但如 $Fr_1 = 4.0$,C_{pmax} 则随着 Fr_1 的减小而增加,在 $Fr_1 = 2.0$ 时其值达到 0.082。

图 2-14 给出了强迫水跃脉动壁压强度系数的试验成果[24]。由图可知,其在尾槛附近有新的峰值出现。

由于水跃中脉动壁压场的不均匀性,跃首、跃尾与水跃中的谱密度函数各不相同。图 2-15 分别给出了以斯坦顿数 $St_{\mathrm{p}} = \dfrac{f_{\mathrm{p}}h_1}{u_1}$ 表示的优势频率 f_{p} 和斯坦顿数

$St_2 = \dfrac{h_1}{T_z u_1}$ 表示的优势频率随 $\dfrac{x}{h_1}$ 的变化,式中 h_1 与 u_1 分别表示跃前断面的水深与水流运动速度。由图可知,水跃区中的脉动壁压优势频率较低,一般在 0.5~2Hz 之间。

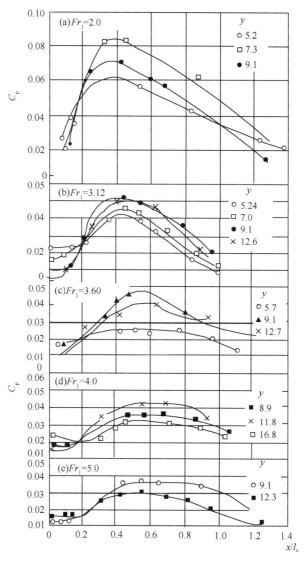

图 2-13　淹没水跃脉动壁压强度系数的变化

(l_s 为水跃长度)

3)分离流动的脉动壁压

分离流动不仅存在着强间歇性,而且其间歇因子既随离壁面距离的远近而异,

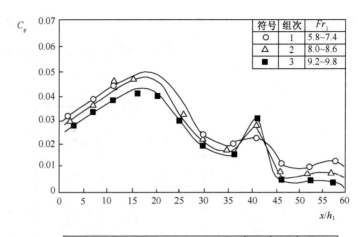

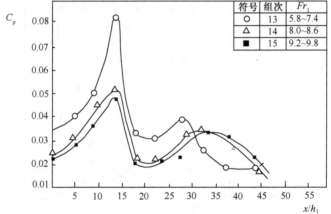

图 2-14　强迫水跃脉动壁压强度系数的变化

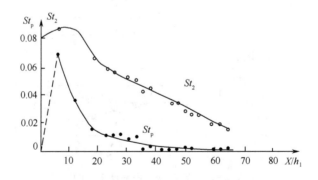

图 2-15　水跃中优势频率 St_p, St_2 的沿程变化

也随纵向位置不同而变。基于 Simpson 等的工作[26]，将分离点定义为纵向上逆流率为 0.5 的位置。在离此点不是很远的上下游，分离流的间歇性特征将十分明显。

相对而言,人们对伴有分离的紊流运动研究尚不太多。Farabee[27]曾对后台阶流动的脉动壁压进行过研究,Tobin[28]也对管流中突体后的脉动壁压进行过探讨,Schiebe[29]对水跃中的脉动壁压与紊流结构的关系也进行过分析。其所给出的脉动壁压强度量级为

$$\sqrt{\overline{p^2}} \approx C_1 \frac{1}{2} \rho U^2 \tag{2.5.29}$$

式中 $C_1 = 0.02 \sim 0.06$; U 在边界层中为自由流流速,在受限管流中为通过管道中的流体流速。很明显,此时的脉动壁压强度比均匀流动时的相应值要高 3~10 倍。此外,从频谱曲线来看,突体对其影响的主要频率段在

$$\frac{\omega l}{U} < O(1) \tag{2.5.30}$$

式中 l 为突体或台阶高度。

沙波运动是河流中推移质运动的主要形式,而波状边界在水面风生波、沙漠地区的风成沙丘及工业领域也广泛存在,我们曾对沙波河床上的水流脉动壁压问题进行过实验研究[30]。鉴于沙波运动的复杂性,我们并未对整个沙波运动过程进行模拟,而是设想沙波运动处于静止状态,以期来近似反映沙波运动在某一瞬间的流动结构。在模拟过程中,参照 Yalin 的研究成果,对沙波波长 λ 与波高 Δ 分别取为

$$\lambda = 5H \tag{2.5.31a}$$

$$\Delta = \frac{H}{6}\left(1 - \frac{\tau_s}{\tau_0}\right) \tag{2.5.31b}$$

式中 H 为水深,$\frac{\tau_s}{\tau_0}$ 为河床表面有效切应力与其总切应力之比。

图 2-16 给出了实验所得的单个沙波后脉动壁压强度的沿程变化。图中纵坐标为相对脉动壁压强度,即沙波后某点的脉动壁压强度与同样条件下紊流边界层中的脉动壁压强度之比。

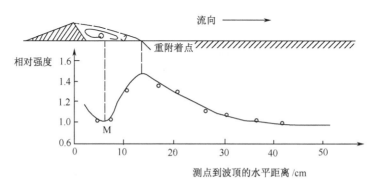

图 2-16 单个沙波后脉动壁压强度的沿程变化

由图 2-16 可知,单个沙波后脉动壁压强度均高于同样条件下紊流边界层中的脉动壁压强度值,而从其纵向分布来看,则表现为先下降、后上升,最后又趋于紊流边界层中的脉动壁压强度值。其中脉动壁压强度最低点对应于沙波后水流分离区的中心位置,而其最高点则对应于分离区后的重附着点。对于伴有分离的紊流,其脉动壁压强度间接反映了水流的紊动强度。在水流分离区中心,水流运动速度低、紊动强度小,反映到边壁上其脉动壁压强度也较小。在重附着点附近,分离区上的自由剪切层与壁面相交,水流紊动强烈,再加上剪切层的不稳定性,导致该点上脉动壁压强度最大。重附着点的下游,水流逐步调整到原有流动的正常状态。

随着沙波波高的增加,沙波后分离区的范围不断增加,重附着点的位置不断向下游移动,因此沙波后脉动壁压强度最小值出现位置距沙波波顶的距离 L_{pmin} 及脉动壁压强度最大值出现位置距沙波波顶的距离 L_{pmax} 也不断增加。根据实验成果整理得到

$$L_{\text{pmin}} = 4.2\Delta \qquad (2.5.32)$$

$$L_{\text{pmax}} = 8.0\Delta \qquad (2.5.33)$$

4)射流冲击边壁形成的脉动壁压

射流冲击水垫将形成非常复杂的紊流场,如果水垫深度不大,则将在水垫的底部边界上产生脉动壁压。安芸周一结合拱坝坝顶溢流进行了二维自由跌落射流进入下游水垫后的河床动水压强(包括时均值和脉动值)实验[5]。图 2-17 给出了冲刷坑底部动水压强时均值、脉动壁压强度以及脉动壁压强度与动水压强时均值之比随尾水位的变化。由图 2-17 可知,脉动壁压强度与动水压强时均值之比达到 0.30~0.37,大大高于水跃中的相应值。图 2-18 给出了脉动壁压强度与动水压强时均值在横向(y 方向)上的变化,由图 2-18 可知,两者在横向上的变化存在着相似性,且均可用正态分布曲线进行近似。图 2-19 给出了谱密度函数的变化,图 2-19 中 f_1 为射流贯穿水垫所需时间的倒数。由图 2-19 可知,高频区的脉动壁压谱密度函数近似按频率的负 3 次方衰减。

2.5.3 高速水流脉动壁压的空时相关及波数频率谱特性

水流与固壁的接触面既可能是平面,也可能是曲面。不失一般性,将点 A(x, y, z)在时刻 t 的脉动壁压信号与点 B($x + \xi$, $y + \eta$, $z + \zeta$)在时刻 $t + \tau$ 的空时相关函数定义为

$$R_{\text{p}}(x,y,z,t;\xi,\eta,\zeta,\tau) = \frac{\overline{p(x,y,z,t)p(x+\xi,y+\eta,z+\zeta,t+\tau)}}{\sqrt{\overline{p^2(x,y,z,t)}}\sqrt{\overline{p^2(x+\xi,y+\eta,z+\zeta,t+\tau)}}}$$

$$(2.5.34)$$

当 $\xi = \eta = \zeta$ 时,式(2.5.34)简化为点 A 的脉动壁压自相关函数。而对式(2.5.34)做傅里叶变换,即可得到相应的波数频率谱函数。

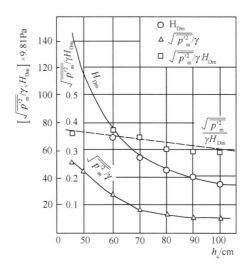

图 2-17　冲刷坑底部动水压强与脉动壁压
特征值随尾水位的变化

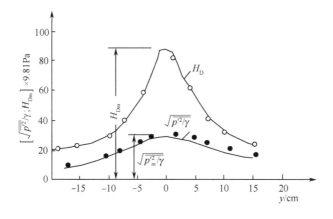

图 2-18　冲刷坑底部动水压强时均值
与脉动壁压强度沿横向的变化

如前所述,脉动壁压的源项包括紊动与时均切变相互作用项及紊动与紊动相互作用项。很明显,紊动与紊动相互作用项对声辐射的贡献要比紊动与时均切变相互作用项大得多。然因缺乏实验资料,目前对此两项对脉动壁压贡献的大小只能进行估计。Kraichnan[31]将紊流场视为一高斯场,从而将紊动量的四阶关联用两阶关联的乘积之和来表示,通过量阶分析得到相应于紊动与时均切变相互作用项的脉动壁压强度 $\overline{p_{ms}^2}$ 与相应于紊动与紊动相互作用项的脉动壁压强度 $\overline{p_{TT}^2}$ 之比为

$$\frac{\overline{p_{ms}^2}}{p_{TT}^2} \approx \frac{4}{15}C_f \gg 1 \qquad (2.5.35)$$

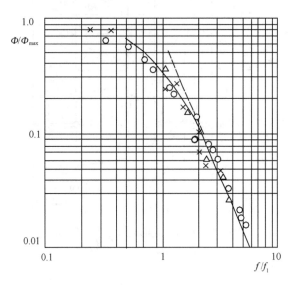

图 2-19 冲刷坑底部脉动壁压谱密度函数的变化

对紊流边界层,Chase[32]的研究成果也与其相吻合。因此,如果仅考虑紊流边界层中紊动与时均切变相互作用项对脉动壁压的贡献,则在一定条件下对其波数频率谱函数进行简化,得到

$$\Phi_{pp}(\omega) \propto \rho^2 u_*^4 \frac{\delta}{U_c}\left(\frac{\omega\delta}{U_c}\right)^2, \qquad 若\frac{\omega\delta}{U_c} \ll 1 \qquad (2.5.36)$$

式中 u_* 为摩阻流速, U_c 为对流速度。如 $1 < \frac{\omega\delta}{U_c} < \frac{1}{30}\frac{u_*\delta}{\nu}$,则有

$$\Phi_{pp}(\omega) \propto \rho^2 u_*^4 \omega^{-1} \qquad (2.5.37)$$

在更高的频率 $\omega > \frac{1}{30}\frac{U_c u_*}{\omega \nu}$ 下,有

$$\Phi_{pp}(\omega) \propto \rho^2 u_*^4 \omega^{-1}\left(\frac{\omega\delta}{U_c}\right)^{-4} \qquad (2.5.38)$$

如以内区变量为标准,式(2.5.38)还可改写为当 $\frac{\omega\nu}{u_*^2} > \frac{1}{30}\frac{U_c}{u_*} \approx 1$ 时

$$\Phi_{pp}(\omega) \propto \rho^2 u_*^4 \omega^{-1}\left(\frac{\omega\nu}{u_*^2}\right)^{-4} \qquad (2.5.39)$$

图 2-20 给出了频域内脉动壁压谱密度的大致变化。

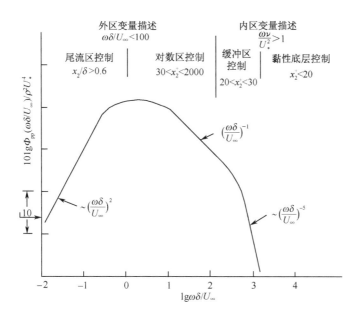

图 2-20　频域内脉动壁压谱密度函数的变化

　　运用紊流的快速畸变理论也可导出脉动壁压波数谱。Durbin[33]得到的单向切变流脉动壁压波数谱为

$$\Phi(k_1, k_3) = \frac{3}{8\pi}\rho^2 a^2 L_\infty^2 \overline{u_\infty^2} \int_{-\infty}^{\infty} \frac{E(k_0)k_1^2}{(k_1^2 + k_3^2)k^4(t)} \mathrm{d}k_2 \qquad (2.5.40)$$

式中

$$k^2(t) = k_1^2 + k_2'^2 + k_3^2 \qquad (2.5.41\mathrm{a})$$

$$k_0 = \sqrt{k^2(0)} \qquad (2.5.41\mathrm{b})$$

$$k_2' = k_2 - \alpha t k_1 \qquad (2.5.41\mathrm{c})$$

　　$E(k_0)$是以 Von Karman 形式表示的初始能谱函数，at 是切变率。我们曾用式(2.5.41c)计算过紊流边界层中的一维脉动壁压波数谱，并将其与用直接数值模拟(DNS)所得到的相应值进行比较(如图 2-21 所示)，结果表明，两者吻合甚好[34]。

　　Willmarth 和 Wooldridge[35]等对紊流边界层中的空时关联进行了比较详尽的实验研究。根据试验资料，Corcos[36]整理得到了谱密度函数的近似表达式，其与飞机机身上脉动壁压谱密度函数的实验成果定性一致。谱密度函数的另一近似表达式$\left(至少在 k_1 = \dfrac{\omega}{U_\mathrm{c}} 附近正确\right)$为

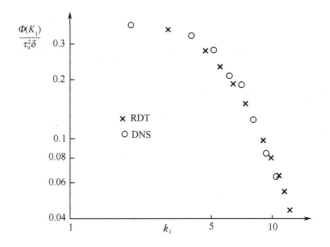

图 2-21　紊流边界层中一维脉动壁压波数谱

$$\Phi_{pp}(k_1, k_3, \omega) = \frac{\gamma_1 \gamma_3}{\pi^2} \Phi_{pp}(\omega) \left(\frac{\omega \delta^*}{U_c} \right)^2 (\delta^*)^2$$

$$\times \left\{ \left[\left(\frac{\gamma_3 \omega \delta^*}{U_c} \right)^2 + (k_3 \delta^*)^2 \right] \right.$$

$$\left. + \left[\left(\frac{\gamma_1 \omega \delta^*}{U_c} \right)^2 + \left(k_1 \delta^* - \frac{\omega \delta^*}{U_c} \right)^2 \right] \right\}^{-1} \quad (2.5.42)$$

式中对光滑壁面 $\gamma_1 \approx 0.116$，对粗糙壁面 $\gamma_1 \approx 0.32$，但对光滑与粗糙壁面均有 $\gamma_3 \approx 0.7$。

2.5.4　压力传感器形状与尺寸对脉动壁压实测特征值的影响

紊流中反映到边壁上的脉动壁压，直接受紊流基本结构——涡体的作用。而在任意点上测得的压强数据，又必然是环绕此点的压强数据的平均值。因此，通过压力传感器测得的压强信号，既与紊流涡体的大小有关，也与压力传感器的形状与尺寸有关。如果使用与期望波长差不多大的传感器，就不能分辨小波长（大波数）上的信息。为从理论上求得脉动壁压实测值与传感器形状与尺寸之间的关系，我们曾进行过如下分析[37]。

考虑壁面为平面的简单情况，以此壁面作坐标面，以 S 表示所用传感器的面积，并用 s 表示其所占据的区域，则通过传感器所测得的压强信号 P_m 为

$$P_m = \frac{1}{S} \iint_s p(m, n, t) \mathrm{d}m \mathrm{d}n \quad (2.5.43)$$

定义广义传递函数 k，使得

$$k(x-m,z-n) = \begin{cases} \dfrac{1}{S} & m,n \in s \\ 0 & \text{其他} \end{cases} \qquad (2.5.44)$$

并由雷诺假设,将任一瞬时所测得的压强信号 P_m 分解为时均压强信号 $\overline{P_m}$ 及脉动压强信号 p_m 之和,则经坐标变换,得到在点 (x,z) 所测得的脉动压强信号 p_m 与其真值 p 之间的关系为

$$p_m(x,z,t) = \int_{-\infty}^{\infty}\int_{-\infty}^{\infty} k(m,n)p(x-m,z-n,t)\mathrm{d}m\mathrm{d}n \qquad (2.5.45)$$

由式(2.5.45)进一步得到在点 (x,z) 实测的脉动壁压信号的空时相关函数 R_{ppm} 与其真值 R_{pp} 之间的关系为

$$R_{ppm}(\xi,\eta,\tau) = \int_{-\infty}^{\infty}\int_{-\infty}^{\infty} A(b,c)R_{pp}(\xi-b,\eta-c,\tau)\mathrm{d}b\mathrm{d}c \qquad (2.5.46)$$

式中

$$A(b,c) = \int_{-\infty}^{\infty}\int_{-\infty}^{\infty} k(m_1,n_1)k(m_1+b,n_1+c)\mathrm{d}m_1\mathrm{d}n_1 \qquad (2.5.47)$$

对式(2.5.46)两端作傅里叶变换,并以 Φ_{ppm},Φ_{pp} 分别表示实测脉动壁压信号的谱密度函数及脉动壁压谱密度函数的真值,则有

$$\Phi_{ppm}(k_1,k_3,f) = \Phi_A(k_1,k_3)\Phi_{pp}(k_1,k_3,f) \qquad (2.5.48)$$

式中 Φ_A 是与传感器形状及尺寸有关的一个因子,其为

$$\Phi_A(k_1,k_3) = \left|\int_{-\infty}^{\infty}\int_{-\infty}^{\infty} k(m_1,n_1)\exp(-\mathrm{i}2\pi(k_1m_1+k_3n_1))\mathrm{d}m_1\mathrm{d}n_1\right|^2 \qquad (2.5.49)$$

对直径为 d 的圆形传感器,Φ_A 为

$$\Phi_A(k_1,k_3) = \left(\frac{4}{\pi^2 d^2 k_3}\right)^2\left[\int_{-d/2}^{d/2}\cos(2\pi k_1 m_1)\sin\left(2\pi k_3\sqrt{\left(\frac{d}{2}\right)^2-m_1^2}\right)\mathrm{d}m_1\right]^2 \qquad (2.5.50)$$

对于截面为 $2a\times 2b$ 的矩形传感器,Φ_A 为

$$\Phi_A(k_1,k_3) = \left(\frac{1}{4\pi^2 abk_1k_3}\right)^2\left[\sin(2\pi k_1 a)\sin(2\pi k_3 b)\right]^2 \qquad (2.5.51)$$

以上讨论中已假定传感器界面上的任一点对压强信号的响应都是均匀的,如果响应存在非均匀性,则以上分析方法仍然适用,只不过所得结果将更加复杂。基于以上分析,并以快速畸变理论所导出的紊流边界层中的脉动壁压谱密度函数(2.5.40)为基础,通过数值计算及实验,我们先后对圆形与矩形传感器尺寸对紊流边界层脉动壁压信号的影响进行过研究[34,37,38]。对圆形传感器,所得主要结论如下:

(1)就脉动壁压的一维谱密度函数而言,压力传感器对其谱密度的低波数部分影响很小,但却能造成其高波数谱密度的衰减。在波数一定的条件下,压力传感器直径越大,高波数谱密度的衰减越大。对给定的压力传感器,波数越高,其谱密

度的衰减越大。

（2）压力传感器尺寸对脉动壁压强度的影响如图 2-22 所示。由图 2-22 可知,压力传感器直径越大,所实测出的脉动壁压强度越低,其拟合关系式为

$$\frac{\sqrt{\overline{p_{\mathrm{m}}^2}}}{\sqrt{\overline{p^2}}} = \begin{cases} 1 - 0.95 \times 10^{-4}(d^+)^4 & d^+ \ll 50 \\ 0.6457\exp(-0.001073d^+) & d^+ > 300 \end{cases} \qquad (2.5.52)$$

式中 $d^+ \left(= \dfrac{u_* d}{\nu} \right)$ 为用壁区变量无量纲化后的传感器无量纲直径。图 2-23 及图 2-24 给出了式(2.5.52)与实验资料的比较,由图 2-23 和 2-24 可知,其吻合甚好。此外,由式(2.5.52)可知,如果在紊流边界层中希望用某种直径的传感器所实测出的脉动壁压强度高于其真值的 0.99 倍,则所用传感器的无量纲直径 d^+ 应小于 10。

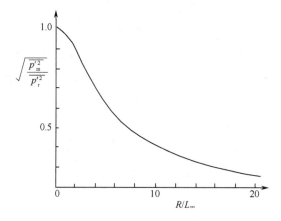

图 2-22　圆形传感器尺寸对脉动壁压强度的影响

（3）实测的脉动壁压可视为紊流中的各种"基本"结构(脉动壁压元)作用于压力传感器承压面的结果,也即

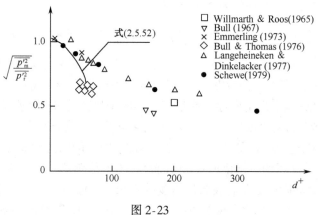

图 2-23

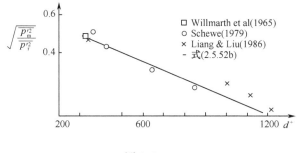

图 2-24

$$p_{\mathrm{m}}(x,y,t) = \frac{1}{N}\sum_{i=1}^{N} p(m_i, n_i, t) \qquad (2.5.53)$$

压力传感器直径越大,作用于其上的紊流中的各种"基本"结构数也越多。如果认为各个脉动壁压元是相互独立,并服从同一概率密度分布的,则当式(2.5.53)中 $N \to \infty$ 时,由中心极限定理可知,所实测出的脉动壁压信号越接近正态分布。

参 考 文 献

1　是勋刚.湍流.天津:天津大学出版社,1994

2　梁在潮.紊流力学.郑州:河南科学技术出版社,1988

3　范维澄,万跃鹏.流动及燃烧的模型与计算.北京:中国科技大学出版社,1992

4　梁在潮.雷诺应力的本构关系.泄水工程与高速水流,1998

5　李建中,宁利中.高速水力学.西安:西北工业大学出版社,1993

6　Burton T E. The connection between intermittent turbulent activity near the wall of a turbulent boundary layer with pressure fluctuations at the wall. Rep. No. 70208-10. Acoust. Vib. Lab., MIT, Cambridge, Massachusetts, 1974

7　Kline S J, Robinson S K. Quasi-coherent Structures in the Turbulent Boundary Layer, Part 1, Status Report on a Community-wide summary of Data. in Near Wall Turbulence,1989, 200~217

8　Liang Zaichao, Liu Shihe. Properties of Mean Flow and Turbulent Structures in the Wall Region of Turbulent Boundary Layer. Proceedings of ICFM-II, Peking University Press,1993

9　Nakagawa H et al. Structures of space-time correlations of bursting phenomena in an open channel flow. J. Fluid Mech., 1981,104:1~43

10　梁在潮,刘士和.边壁加糙对切变湍流相干结构的作用.水动力学研究与进展,1987,2:50~56

11　Kraichnan R H. Pressure fluctuations in turbulent flow over a flat plate. J. Acoust. Soc. Am. 1956,28(3): 378~390

12　Lian Q X. A visual study of the coherent structure of the turbulent boundary layer in flow with adverse pressure gradient. J. Fluid Mech., 1990,215:101~124

13　Lee M J, Hunt J. The structure of sheared turbulence near a plane boundary. Proceedings of the Summer Program 1988, Center for Turbulence Research,1988,221~241

14　Lee M J et al. Turbulence structure at high shear rate. In Sixth Symp on Turbulent Shear Flows, Toulouse, France. 1987,22.6.1~22.6.6

15 Rashidi M, Banerjee S. Turbulence structure in free surface channel flows. Phys. Fluids, 1988,31:2491~ 2503

16 Kline S J. The structure of turbulent boundary layers. J. Fluid Mech., 1967,30:741~773

17 刘士和.边壁切变紊流中几个问题的研究.武汉水利电力学院硕士论文,1984

18 梁在潮,袁友明.脉动压力相干模式及其计算.水利学报,1987(11)

19 梁在潮,黄纪中.论脉动壁压的振幅、频率的概率分布规律.武汉水利电力学院学报,1980(1)

20 Schewe G. On the structure and resolution of wall-pressure fluctuations associated with turbulent boundary layer flow. J. Fluid Mech., 1983,134:311~328

21 Blake W K. Turbulent boundary layer wall pressure fluctuations on smooth and rough walls. J. Fluid Mech., 1970,44:637~660

22 Gorcos G M. The structure of the turbulent pressure field in boundary layer flows. J. Fluid Mech.,1964,18: 637~660

23 三井一郎,秋秀一.厂房顶溢流的原型观测.高速水流译文集,北京:水利水电出版社,1979

24 Akbari M E et al. 自由水跃和强迫水跃底板上的脉动压力.国际水工模型试验会议译文选集,1984

25 Narasimha S et al. 淹没水跃的压力脉动.高速水流译文集,1979

26 Simpson R L et al. Features of a separating turbulent boundary layer in the vicinity of separation. J. Fluid Mech., 1977,79:553~594

27 Farabee T et al. Effects of surface irregularity on turbulent layer wall prassure fluctuations. Proc. ASME, Symp. On Turbulence Induced Vibrations and Noise of Structures, Boston, Massachusetts, 1983

28 Tobin R J et al. Wall pressure spectra scaling downstream of stenosis in steady tube flow. J. Biomech., 1976,9:663~640

29 Schiebe F R et al. Boundary pressure fluctuations due to macro turbulence in hydraulic jumps. Proc. 2nd Symp. Turbul. Liq., Univ. Missouri, Rolla, 1971

30 Liu shihe. Turbulent coherent structures in channels with sand waves. Journal of Hydrodynamics, Ser. B, 2001,13(2):106~110

31 Kraichnan R H. Pressure field within homogeneous anisotropic turbulence. J. Acoust. Soc. Am., 1956,28 (1):64~72

32 Chase D M. Modelling the wave-vector frequency spectrum of turbulent boundary layer wall pressure. J. Acoust. Vib., 1980,70:29~68

33 Durbin P. Ph.D. Dissertation. University of Cambridge, 1978

34 Liu Shihe. Effect of circuler transducer size on wall pressure fluctuation signal. J. Hydrodynamics, Ser. B, 1994,2:32~39

35 Willmarth W W, Wooldridge C E. Measurements of the fluctuating pressure at the wall beneath a thick turbulent boundary layer. J. Fluid Mech., 1962,14:187~210, corrigendum, J. Fluid Mech.,1965,21:107~ 109

36 Corcos G M. The resolution of pressure in turbulence. J. Acoust. Soc. Am., 1963,35:192~199

37 梁在潮,刘士和.传感器尺寸对脉动壁压信号的影响.水利学报,1985,61~67

38 刘士和等.矩形传感器尺寸对脉动壁压信号的影响.武汉水利电力大学学报,1992

第3章　高速水流的掺气

3.1　概　述

泄水建筑物过流时,由于水头高、流速大,或者水流表面或过流边界突变,造成大量的空气掺入水流中,此种局部区域或整体上掺有大量空气的水流称为掺气水流。掺气水流属水气两相流。由于掺气原因不同,一般将掺气水流分为两大类,即强迫掺气水流与自然掺气水流。在水流流动过程中,过流边界与水流流态没有突变,仅靠水流紊动而使空气通过水面(水气交界面)进入水流,由此而形成的掺气水流称为自然掺气水流。与此相反,水流在流动过程中受到某种干扰,如过流边界突变(闸门槽、闸墩、通气槽等)、或水流流态突变(竖井溢洪道、水跃等)、或水流碰撞与交汇,由此而形成的掺气水流称为强迫掺气水流。根据掺气水流所存在的背景,还可将自然掺气水流细分为明渠掺气水流、封闭管道中的掺气水流及高速挑射水流掺气等。

3.1.1　掺气现象及其影响

掺气水流的水流结构与运动特征和不掺气水流有很大区别[1],图 3-1 给出了明渠掺气水流的水流结构图。水流掺气对工程结构既有有利的一面,也有不利的一面,具体表现如下:

(1)泄水建筑物过流边界附近掺气可以减免空蚀破坏。已有研究成果表明[2],当水流中掺气浓度达到3%～7%时,即可起到避免空蚀破坏的作用,而当掺气浓度达到10%后则可完全避免空蚀破坏。

(2)挑射水流在空中的扩散掺气可以减小水流进入下游水垫的有效冲刷能量,从而减小水流对下游河床的冲刷。

(3)水垫或水跃中掺气以后,由于水流吸入大量空气,增强了紊动摩擦,由此也可消耗一定的能量。

(4)水流掺气使水体膨胀,水深增加,因而需加高溢洪道边墙,对明流隧洞则要求加大余幅。

3.1.2　高速水流掺气机理

自然掺气水流与强迫掺气水流具有不同的掺气机理。强迫掺气水流的掺气机理见第 3.4 节。对自然掺气水流,能够掺气的根本原因有二,其一是水气交界面上的水面波失去稳定,在波破碎过程中将空气卷入水流中,这是水流能够掺气的首要条件;其二是水气交界面附近的紊动足够强烈,以至于水滴在垂直于水气交界面方向上的动量能克服表面张力的作用,于是水滴跃离水气交界面,在下落过程中与水气交界面碰撞而使水流挟气,并进而通过紊动扩散作用将水面附近挟入的气泡输运至水流内部,这是水流掺气的必要条件。

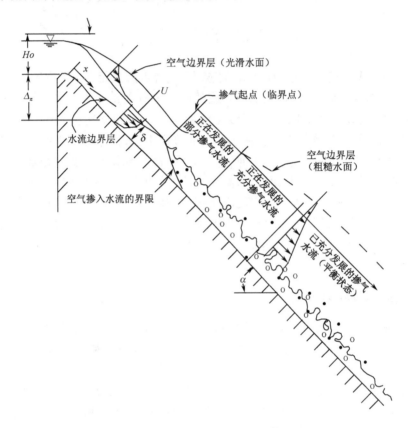

图 3-1 明渠掺气水流结构图

1. 水气交界面失稳分析

水气交界面附近的水面波失去稳定是由微幅波失稳的线性阶段,有限幅值波失稳的非线性阶段以及波破碎阶段等一系列过程所构成,下面仅对微幅波失稳的线性阶段进行分析。如图 3-2 所示,以 ρ, ρ_a 和 u, u_a 分别表示水气交界面附近水与空气的密度与速度,以 h 与 σ 分别表示水流的水深及水的表面张力系数,以 c 与 λ 分别表示水气交界面附近微幅波的传播速度及波长,并以 α 表示过流边界的底部倾角,则有

$$c = \frac{\rho u + \rho_a u_a}{\rho + \rho_a} \pm \left\{ \left[\frac{g\lambda\cos\alpha}{2\pi} \frac{\rho - \rho_a}{\rho + \rho_a} + \frac{2\pi\sigma}{\lambda(\rho + \rho_a)} - \frac{\rho\rho_a(u - u_a)^2}{(\rho + \rho_a)^2} \right] \tanh\frac{2\pi h}{\lambda} \right\}^{0.5}$$

$$(3.1.1)$$

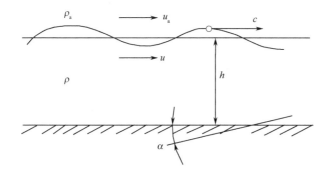

图 3-2 水气交界面流动概化图

考虑到掺气发生前,水气交界面上的空气运动速度一般很小,故可近似认为 $u_a \approx 0$。如果水流运动速度足够高,以至于式(3.1.1)中根号下的三项之和为负数,这意味着此时微幅波已开始失稳,由此得到水气交界面开始失稳的水流速度为

$$u \geqslant \left(\frac{g\lambda\cos\alpha}{2\pi} \frac{\rho^2 - \rho_a^2}{\rho\rho_a} + \frac{2\pi\sigma}{\lambda} \frac{\rho + \rho_a}{\rho\rho_a} \right)^{0.5} \tag{3.1.2}$$

由式(3.1.2)可知,对不同波长的微幅波,其所对应的失稳水流速度是不同的。下面分两种情况来讨论,其一是静水中最小波速的微幅波,其二是与明渠流中以大涡尺度为波长的波。

1)静水中波纹

这里所说的波纹指的是相应于最小波速的波,此时 $\frac{h}{\lambda} \to \infty$,故 $\tanh\frac{2\pi h}{\lambda} \to 1$,再考虑到静水条件,式(3.1.1)可简化为

$$c^2 = \frac{g\lambda\cos\alpha}{2\pi} \frac{\rho - \rho_a}{\rho + \rho_a} + \frac{2\pi\sigma}{\lambda(\rho + \rho_a)} \tag{3.1.3}$$

由 $\dfrac{\mathrm{d}c^2}{\mathrm{d}\lambda} = 0$ 求出相应于波纹(最小波速)的波长,并将其代入式(3.1.2),有

$$u \geqslant \left(\frac{2(\rho + \rho_a)}{\rho\rho_a} \sqrt{(\rho - \rho_a)\sigma g\cos\alpha} \right)^{0.5} \tag{3.1.4}$$

将 $\dfrac{\rho}{\rho_a} = 770, g = 9.8\mathrm{m}^2/\mathrm{s}, \sigma = 0.072\mathrm{N/m}$ 代入式(3.1.4),所得成果见表 3-1。

表 3-1 不同倾角下微幅波失稳速度

α	0	10	20	30	40
u/(m/s)	6.4	6.38	6.30	6.17	5.99

由表 3-1 可知,在过流边界的坡度为 0°~40°之间时,如果水流运动速度大于 6~6.4m/s,则水气交界面有可能失稳,导致空气被卷入水流中,这与明渠水流中当平均速度达到 6~7m/s 时,就可能出现掺气现象是一致的。

2) 明渠流中以大涡尺度为波长的波

明渠流中的大涡尺度约为 $0.36R$,自由水面的变形显然是涡体作用的结果。取 $\lambda = 0.36R$,并将水气交界面附近的水流流速用其垂线平均流速代替,最后得到表达掺气初生的临界弗劳德得数为[3]

$$\frac{u_c^2}{gR} \geqslant \frac{\kappa}{2\pi} \frac{\rho}{\rho_a} \frac{1 + \frac{4\pi^2}{\kappa^2} \frac{\sigma}{\rho g R^2 \cos\alpha}}{\left(1 + \frac{\sqrt{g}}{\kappa} \frac{n}{R^{1/6}}\right)^2} \cos\alpha \quad (3.1.5)$$

式中 R 为水力半径,n 为糙率系数,κ 为卡门常数。

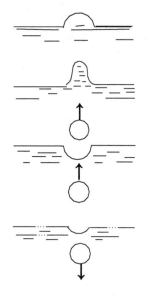

图 3-3 水滴跃移与返回水面概化图

2. 明渠流掺气分析

从力学观点来看,水流内部之所以能够掺气,是因水-气交界面上的紊动足够强烈,以至于其垂向脉动动能大于表面张力与水滴刚能跃移水面时重力所做的功,使得水滴得以跃移水面并在返回时与水面碰撞从而将空气带进水流中(见图 3-3)。设水滴的直径为 d,垂向脉动流速为 v',则水滴的垂向脉动动能为 $\frac{1}{12}\pi d^3 \rho v'^2$,表面张力所做的功为 $\sigma\pi d^2$,在倾角为 θ 的明渠流中水滴刚能跃移水面时重力所做的功为 $\frac{1}{6}\pi d^3 \rho \frac{1}{2} d\cos\theta g$,经过时间平均,有

$$\frac{\overline{v'^2}}{2g} > \frac{6\sigma}{\rho g d} + \frac{d}{2}\cos\theta \quad (3.1.6)$$

式(3.1.6)即为明渠流掺气的必要条件。

根据吴持恭的分析[4],取

$$d = \frac{12\sigma}{A_1 \rho g}\left(\frac{R}{J}\right)^{0.25} \quad (3.1.7)$$

$$\overline{v'^2} = k_2 u_* = \sqrt{A_2 g R J} \quad (3.1.8)$$

式中 R 为水力半径,J 为未掺气水流的水力坡度,而 A_1 与 A_2 则为与 J 有关的两个系数,其为

$$A_1 = (3.1 + 4.26J - 4.78J^2)10^{-3} \quad (3.1.9)$$

$$A_2 = 7.23 \times 10^{-0.52J} \qquad J < 0.5 \quad (3.1.10)$$

$$A_2 = -2.269 + 21.369J - 17.942J^2 \qquad J \geqslant 0.5 \quad (3.1.11)$$

将式(3.1.7)与式(3.1.8)代入掺气条件判别式(3.1.6),即可得到以最小水力坡度或最小流速表示的掺气条件判别式,也即

$$J > J_{\min} = \left\{ \left[\frac{A_1}{A_2} + \frac{12\sigma}{A_1 A_2 \rho g} \left(\frac{R}{J} \right)^{0.5} \cos\theta \right]^4 R^{-5} \right\}^{\frac{1}{3}} \qquad (3.1.12)$$

$$u > u_{\min} = \frac{1}{n} \left[\left(\frac{A_1}{A_2} + \frac{12\sigma}{A_1 A_2 \rho g} \frac{R^{\frac{7}{6}}}{nu} \cos\theta \right)^4 R^{-1} \right]^{\frac{1}{6}} \qquad (3.1.13)$$

式(3.1.13)经过国内外 18 组实测资料验证,与实际情况能较好吻合。

3.2 气泡在流场中的运动形态

3.2.1 流场中的气泡运动形态

研究表明,多数气泡的半径在 1～4mm 之间。较小的气泡基本上呈球形,较大的气泡则近似为包角约 100°而底部扁平的瓜皮帽形或弹头形。对于水中的空气气泡,半径 1.2mm 是大、小气泡的分界值,半径大于 1.2mm 的气泡是大气泡。

气泡在水流中由静止状态而上升时,在初始阶段处于加速状态,但随着速度的增加,气泡所受阻力也相应增加,最终当气泡所受阻力与浮力相平衡时,气泡将匀速上升,此时气泡上升速度称为气泡上升终速。

Rosenberg[5]对水中空气气泡的形状与上升终速进行了试验研究。研究成果表明,如以气泡直径和上升终速构成雷诺数 Re_p,则直到 $Re_p = 400$,气泡仍为球形;若 Re_p 增加,气泡将变成椭球体,直到 $Re_p > 4 \times 10^3$,气泡进一步变成弹头形。

如果气泡处于切变流中,微小气泡在上升过程中有可能因气泡尾流间相互卷吸而使小气泡“集聚”成大气泡,而大气泡也有可能因水流切变的作用而“撕裂”成小气泡。由于“集聚”与“撕裂”作用同时存在,当气泡的表面张力与流体的切应力相平衡时,Hinze[6]推断水流中可能存在某种临界尺寸的气泡,其直径将不再发生变化。临界直径的估算式为

$$d_{95} = 0.725 \left[\left(\frac{\sigma}{\rho} \right)^3 \varepsilon^2 \right]^{\frac{1}{5}} \qquad (3.2.1)$$

式中 ρ 为水流的密度;ε 为单位质量流体的紊动能耗散率;σ 为表面张力系数;d_{95} 为气泡直径,等于或小于该直径的气泡中挟带了流体中全部空气总量的 95%。

3.2.2 气泡上升终速

对于半径 R 小于 0.068mm 的气泡,可将其从几何上视为小球体,气泡浮力与阻力之间的力学平衡方程为

$$C_D \pi R^2 \rho \frac{v_a^2}{2} = \frac{4}{3} \pi R^3 [(\rho - \rho_a) g] \qquad (3.2.2)$$

式中 C_D 为阻力系数,如将气泡视为刚性粒子,则得其上升终速为

$$v_a = \frac{2}{9} \frac{\rho - \rho_a}{\rho} \frac{R^2 g}{\nu} \tag{3.2.3}$$

对于半径位于 0.068~0.4mm 的气泡,其上升终速可采用如下经验公式估算

$$v_a = 0.625 R^2 \tag{3.2.4}$$

对于半径大于 10mm 的气泡,其上升终速取决于浮力与惯性力之比,Davies 和 Taylor[7]建议采用如下公式估算

$$v_a = \frac{2}{3} \sqrt{gR_c} \tag{3.2.5}$$

式中 R_c 为瓜皮帽形气泡的曲率半径(见图 3-4)。如定义气泡当量半径为 $R_b = \frac{4}{9} R_c$,则可将气泡上升终速改写为

$$v_a = \sqrt{gR_b} \tag{3.2.6}$$

图 3-5 给出了 Haberman 和 Morton[8]所给出的气泡上升终速随气泡当量半径变化的试验资料。

值得说明的是含气浓度对气泡上升终速是有影响的。如果水流中气泡数量较少,气泡的运动可以看成是被动输运,气泡对水流运动的作用可忽略不计。但如水流中大量掺气,以气泡群的形式向上运动,则因连续性的要求,气泡周围的水体必须绕

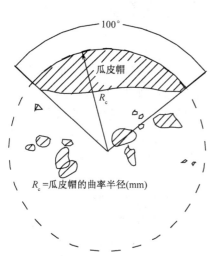

图 3-4 瓜皮帽气泡概化图

过气泡群而向下运动,以保证向上的气泡通量与向下运动的水量相等,也即

$$c(v_a - v) = (1 - c)v \tag{3.2.7}$$

式中 v_a 与 v 分别表示水气混合物中单个气泡的上升终速与水流向下运动的速度,c 为含气浓度。v_a 可由含气水流中气泡所受的浮力与阻力相等来求得,即

$$(\rho_m - \rho_a) \frac{4\pi}{3} R^3 g = \frac{1}{2} C_D v_a^2 \pi R^2 \rho_m \tag{3.2.8}$$

式中 $\rho_m = (1 - c)\rho_w + c\rho_a$ 为水气混合流的密度,ρ_w 与 ρ_a 分别为水及空气的密度,C_D 为阻力系数,由于 $\frac{\rho_a}{\rho_m} \ll 1$,因而有

$$v_a = \sqrt{\frac{8}{3C_D} Rg} \tag{3.2.9}$$

而气泡的实际上升速度则为

$$v_c = v_a - v = (1 - c)v_a = \sqrt{\frac{8}{3C_D} Rg}(1 - c) \tag{3.2.10}$$

由此可见,含气浓度越大,气泡的实际上升速度越小。

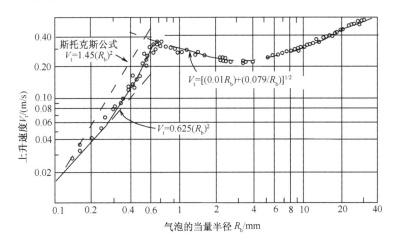

图 3-5　气泡上升终速随气泡当量半径的变化

3.3　高速水流的自然掺气

3.3.1　明渠中的掺气水流

1. 明渠掺气水流的结构

如图 3-1 所示,从纵向上看可将明渠掺气水流分为无气区、掺气发展区及掺气充分发展区三个区域。而从图 3-6 所示的掺气水流垂向结构来看,又可将明渠水流分为四个区域:①水滴飞溅的上部区;②水面呈连续面的掺混区;③气泡在水体中扩散的下部区;④无气区。

无气区出现在掺气现象还未充分发展的明渠段,无气区与下部区的界面很难准确确定。一般来说,在此界面上,含气量很小,同时含气量随水深的变化也很小。

下部区指波浪未侵入的区域,该区与掺混区的交界面至渠底的距离以 h_t 表示。影响该区含气量分布的主要因素是水流的紊动强度。水流掺气后有可能导致水流紊动强度的减小,然而迄今为止对含气量与气泡尺度的分布及紊动强度之间的关系还不是十分清楚。

掺混区的水面表现为随机波动,其外边界与下部区外边界之间的距离以 h_u 表示。在掺混区外边界上,含气浓度达到 0.99。掺入及逸出水体的空气都要通过掺混区。

上部区是由掺混区抛出的水团组成,虽然水团能抛离平均水面很远,但该区的含水量一般很小。

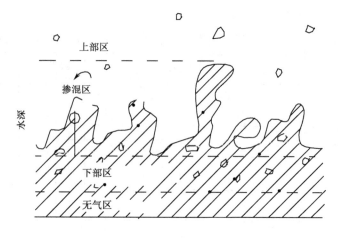

图 3-6　掺气水流垂向结构图

2. 掺气点的位置

对于坝面溢流[9],紊流边界层发展到水面后,水气交界面上的紊动强度增加很快,因而可近似认为紊流边界层发展到水面处即为掺气点。对于紊流光滑平板边界层,其厚度 δ 的计算公式为

$$\delta = k\left(\frac{\nu}{u_x}\right)^{\frac{m}{1+m}} x^{\frac{1}{1+m}} \tag{3.3.1}$$

式中 $k = 0.37$,$m = 1/4$。将其应用于溢流边界层上,认为当 $\delta = h$,$x = L$ 时水流即开始掺气,考虑到 $u_x = \dfrac{q}{h}$,则有

$$\frac{L}{h} = Kq^m \tag{3.3.2}$$

Michels 根据原型观测资料及模型试验资料整理得到

$$\frac{L}{h} = \frac{129.6}{q^{1/12}} \tag{3.3.3}$$

式中 q 为溢流坝的单宽流量,h 为距坝面起始点 L 处的水深,L 与 h 的单位均为 m。

掺气点估算的另一类公式为

$$L = aq^b \tag{3.3.4}$$

如王俊勇等根据原型观测资料整理得到 $a = 12.2$,$b = 0.718$;肖兴斌通过对 9 个溢流坝的原型观测资料整理得到 $a = 14$,$b = 0.715$。

3. 浓度分布

水流中某点的掺气程度可用掺气浓度 c 或含水浓度 β 来表示,其定义为

$$c = \frac{W_a}{W + W_a} \qquad (3.3.5)$$

$$\beta = \frac{W}{W + W_a} \qquad (3.3.6)$$

式中 W 表示掺气水流中水的体积,而 W_a 则表示掺气水流中气体的体积。显然有 $c = 1 - \beta$。

1)掺混区的含气浓度分布

掺混区与下部区交界面以上任一点的含水浓度,取决于从交界面上抛至该点的水滴频率。如设不同高度 y_0 遇到水滴的频率符合正态分布,也即

$$f(y_0) = \frac{1}{\sigma \sqrt{2\pi}} \exp\left[-\frac{1}{2} \left(\frac{y_0}{\sigma} \right)^2 \right] \qquad (3.3.7)$$

式中 $y_0 = y - h_0$ 为垂直于掺混区交界面的距离,σ 为水滴自界面上抛的均方根值。同时认为任一点 y_0 上的含水浓度 $1 - c_0$ 均与该点以上的水滴上抛概率密度曲线成正比,从而得到

$$\frac{1 - c_0}{1 - c_m} = \frac{\int_{y_0}^{\infty} f(y_0) \mathrm{d}y_0}{\int_0^{\infty} f(y) \mathrm{d}y} \qquad (3.3.8)$$

由于 $\int_0^{\infty} f(y) \mathrm{d}y = 0.5$,因此有

$$\frac{1 - c_0}{2(1 - c_t)} = \frac{1}{\sigma \sqrt{2\pi}} \int_{y_0}^{\infty} \exp\left[-\frac{1}{2} \left(\frac{y_0}{\sigma} \right)^2 \right] \mathrm{d}y_0 \qquad (3.3.9)$$

式中 σ 为掺混区界面上的含气浓度。式(3.3.9)对于正在掺气的水流及已充分掺气的水流均有效。

2)下部区的含气浓度分布

在下部区,一方面由于水流紊动的作用将空气输运到水流内部,另一方面由于气泡浮力的作用使气泡上升从交界面逸出,以 q_a 表示掺气水流中单位面积空气的摄入与逸出总量,则有

$$\varepsilon \frac{\mathrm{d}c}{\mathrm{d}y} - v_a c = q_a \qquad (3.3.10)$$

式中 v_a 为气泡运动速度,ε 为气泡的紊动扩散系数。对于充分发展的掺气水流,有 $q_a = 0$ 及

$$\varepsilon = \xi \kappa u_* \left(\frac{h_t - y}{h_t} \right) y \qquad (3.3.11)$$

式中 κ 为卡门常数，ξ 是反映气泡的紊动扩散系数与水流紊动扩散系数之间关系的一个系数，u_* 为摩阻流速。将气泡的紊动扩散系数代入方程，求得

$$c = c_1 \left(\frac{y}{h_{\text{t}} - y} \right)^m \tag{3.3.12}$$

式中 $m = \dfrac{v_a}{\xi \kappa u_*}$，$c_1$ 则为 $0.5h_{\text{t}}$ 处的含气浓度。

4. 垂线平均含气浓度

明渠掺气水流的垂线平均含气浓度 $\bar{c}$ 为

$$\bar{c} = \frac{1}{H_u} \int_0^{H_u} c \, \mathrm{d}y \tag{3.3.13}$$

因为垂线平均含气浓度 $\bar{c}$ 是对时均含气浓度 c 沿水深积分所得，因而紊动扩散与浮力是其主要影响因素。通过因次分析及进行简化，得到

$$\bar{c} = f \left(\frac{\sqrt{\sin\alpha} \, We}{Fr}, Fr \right) \tag{3.3.14}$$

式中 α 为明渠渠底倾角，We 与 Fr 分别为韦伯数和弗劳德数。图 3-7(a)给出了部分试验资料与原型观测成果，对其进行拟合，得到

$$\bar{c} = 0.05Fr - \frac{\sqrt{\sin\alpha} \, We}{63Fr} \tag{3.3.15}$$

式(3.3.15)适用于 $0 \leqslant \bar{c} \leqslant 0.6$ 的条件，当 $\bar{c} \geqslant 0.6$ 时，含气浓度则应由图 3-7(b)中经验曲线求得。

5. 掺气水流水深计算

过去由于对水-气两相流缺乏认识，人们总希望在掺气水流与同样条件下的未掺气水流之间建立某种关系，由此提出了掺气水流的"增胀"概念。如图 3-8(a)所示，虽然"增胀"概念描述水-气两相流不一定合适，但其成果在工程应用上仍可供参考。

根据"增胀"概念，对矩形明渠，认为掺气水流中的空气是均匀分布的，其含气浓度为

$$1 - \bar{c} = \frac{uh}{u_a h_a} \tag{3.3.16}$$

式中 u 与 u_a 分别表示未掺气水流与掺气水流的流速，h_a 与 h 分别表示未掺气与掺气水流的水深，如认为未掺气水流与掺气水流的流速相同，则有

$$\frac{h_a}{h} = \frac{1}{1 - \bar{c}} \tag{3.3.17}$$

实际上，当含气浓度超过 0.25 后，未掺气水流比掺气水流的流速要小，图 3-8(b)

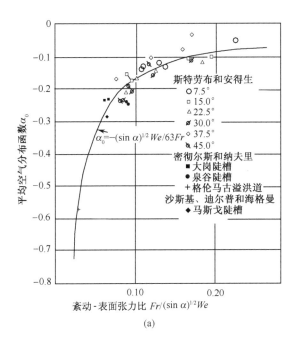

(a)

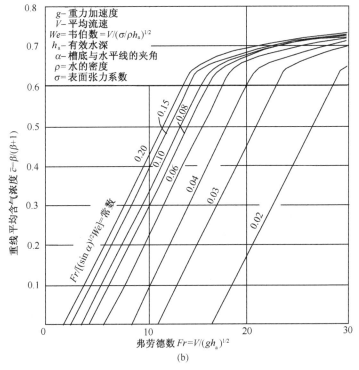

(b)

图 3-7

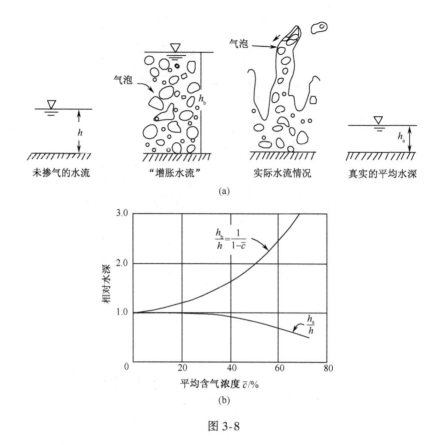

（a）

（b）

图 3-8

中给出了修正曲线。

3.3.2 高速挑射水流的掺气

　　高速挑射水流有别于一般射流的特性即为掺气散裂程度。视掺气散裂程度的不同可将其分为部分掺气散裂射流、充分掺气散裂射流及完全掺气散裂射流三种。部分掺气散裂射流在时均意义上存在水核区，充分掺气散裂射流不存在水核区，而对完全掺气散裂射流，其含水浓度已足够低，以致水流完全破裂成水滴（水团）下落，整个射流可视为由散裂后的水滴（水团）驱动的流体运动。下面对平面掺气散裂射流数学模型[10]进行介绍。

　　采用正交曲线坐标系来描述平面掺气散裂射流的运动，以射流轴线为纵向坐标轴（x）建立自然坐标系，并以 y 表示垂向坐标。数学模型所进行的简化及所采用的基本假定如下：

　　（1）平面掺气散裂射流轴线的曲率半径 R 很大，以致 $H/R \ll 1$（由文献[11]可知，只要高速挑射水流出挑坎的初始弗劳德数较大即可满足此条件），从而通过

量阶比较,在一阶近似的条件下可忽略曲率的影响;

(2) 平面充分掺气散裂射流的纵向时均流速与时均含水浓度沿断面上的分布存在相似性。如以 u 与 u_m 分别表示其纵向时均流速值及其最大值,以 β 与 β_m 分别表示其时均水浓度值及其最大值,根据文献[12]及文献[13]的资料,整理得到

$$\frac{u}{u_m} = \exp\left[-\alpha_2\left(\frac{y}{H}\right)^2\right] \tag{3.3.18}$$

$$\frac{\beta}{\beta_m} = \exp\left[-\pi\left(\frac{y}{H}\right)^2\right] \tag{3.3.19}$$

(3) 平面掺气散裂射流外缘单位长度上的卷吸质量流量为

$$q_c^* = \alpha_1\rho_a u_m \tag{3.3.20}$$

式中 α_1 为卷吸系数,ρ_a 为周围空气的密度。

(4) 平面掺气散裂射流外缘沿射流轴线方向单位长度上的空气阻力为

$$F^* = 0.5C_f\rho_w u_m^2 \tag{3.3.21}$$

式中 C_f 为空气阻力系数,ρ_w 为水的密度。

在以上简化与假设下,平面充分掺气散裂射流的控制方程如下:

(1) 水量守恒方程

$$\frac{\mathrm{d}}{\mathrm{d}x}\left(\int_{-\infty}^{+\infty} u\beta\mathrm{d}y\right) = 0 \tag{3.3.22}$$

(2) 水气两相连续方程

$$\frac{\mathrm{d}}{\mathrm{d}x}\left(\int_{-H}^{+H} \rho u\mathrm{d}y\right) = 2\alpha_1\rho_a u_m \tag{3.3.23}$$

(3) 水平方向动量方程

$$\frac{\mathrm{d}}{\mathrm{d}x}\left(\int_{-H}^{+H} \rho u^2\cos\theta\mathrm{d}y\right) = -C_f\rho_w u_m^2\cos\theta \tag{3.3.24}$$

(4) 垂直方向动量方程

$$\frac{\mathrm{d}}{\mathrm{d}x}\left(\int_{-H}^{+H} \rho u^2\sin\theta\mathrm{d}y\right) = -C_f\rho_w u_m^2\sin\theta + \int_{-H}^{+H}(\rho_a - \rho)g\mathrm{d}y \tag{3.3.25}$$

(5) 射流轴线上的几何关系

$$\frac{\mathrm{d}X}{\mathrm{d}x} = \cos\theta \tag{3.3.26}$$

$$\frac{\mathrm{d}Y}{\mathrm{d}x} = \sin\theta \tag{3.3.27}$$

式中 $\rho = \rho_w\beta + \rho_a(1-\beta)$ 为平面充分掺气散裂射流的密度;X 和 Y 为射流轴线的直角坐标分量;将式(3.3.18)和式(3.3.19)代入式(3.3.22)～式(3.3.27),经过整理即可得到一封闭的微分方程组,在一定的上游条件下进行数值积分即可得到平面充分掺气散裂射流各特征量随纵向坐标 x 的变化。

3.4 高速水流的强迫掺气

强迫掺气水流的特点是一旦离开扰动区,水流中的空气将很快逸出。下面对跌落水流的掺气、水跃的掺气及掺气设施强迫掺气加以介绍。

3.4.1 跌落水流的掺气

跌落水流的特点是存在水股与自由水面的相互作用,其又分自由跌落水流与附壁跌落水流两种。前者由水流入水所致,后者则存在水流与固壁的相互作用。

1. 自由跌落水流的掺气

沙柯洛夫[14]与麦考夫等[15]曾分别对水舌进入水池的掺气问题进行了试验研究,得到如下成果:

1)自由跌落水流掺气机理

自由跌落水流能否掺气,关键在于射流流态及其入水流速,其各种流态如图

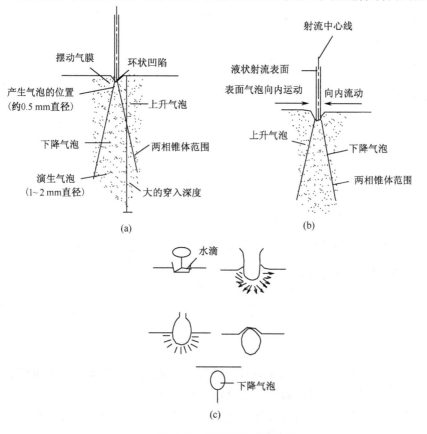

图 3-9 自由跌落水流流态

3-9 所示。如果射流为层流,其掺气特征反映为射流边界与自由水面相碰撞时的环形摆动,由此形成环形凹陷而挟入气泡;当射流处于层、紊流过渡期间时,由于射流及其空气边界层的作用,在射流边界上形成一间歇性的漩涡,通过漩涡的作用以卷吸的形式掺气;如果射流为充分紊流,由于射流边界不再规则,在与水面碰撞过程中将因紊动吸附而掺气,至于射流外缘的水团,在与水面碰撞过程中则将空气直接带入水体中。

2)最小卷吸速度

研究成果表明,最小卷吸速度 u_e 与射流尺度无关,但却与射流的紊动强度关系极大。当紊动强度为 1% 时,u_e 约为 2.8m/s;但当紊动强度为 5% 时,u_e 却减小为 0.8m/s。

3)水体中含气量

水体中的掺气浓度分布并不均匀,其具有如下特征:在射流与水面碰撞处含气浓度最大;在平面上离开碰撞点越远,其含气浓度越小;而在垂直方向上含气浓度则很快衰减。

2. 附壁跌落水流的掺气

Sene[16]对平面射流与水面的碰撞进行了试验研究,其主要成果如下:

1)流动形态

附壁跌落水流的流态除与碰撞前跌落水流与自由表面的流动特性有关外,还极大地依赖壁面与自由水面的夹角,其可能出现的流动形态见图 3-10,其有:表面流、波状流、附着流及穿透流四种。

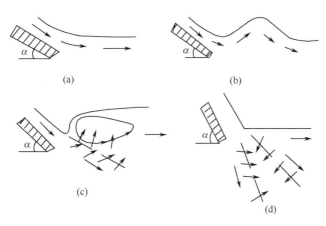

图 3-10 附壁跌落水流流态

2)挟气量

附壁跌落水流仅当其流速大于某一值,也即临界掺气流速 u_i^* 时才能使下游水流掺气。根据附壁跌落水流入水前的流速 u_i 与临界掺气流速 u_i^* 之比的变化，其掺气机理与挟气量有很大区别。

当附壁跌落水流速度较低时，随着射流表面的扰动波穿过下游水体的自由表面，空气主要以离散气泡的形式被卷吸至水体中，见图 3-11。气泡进入下游水体的速率随着流速 u_i 的增加而增加，当然一些气泡还可能会从下游水面逸出，有些气泡甚至会返回射流入水点再被重现带入水流中。已有研究成果表明，气泡进入下游水流的速率正比于入水流速的三次方。在此基础上，Sene 进一步推测气泡进入下游水流的单宽流量 q_a 与进入下游水体中的水流单宽流量 q_w 之比存在如下关系

$$\frac{q_a}{q_w} = K \frac{(u_*/u_i)^4}{(u_r/u_i)^2} Fr_i^2 \qquad (3.4.1)$$

式中 Fr_i 为射流与自由水面碰撞点的弗劳德数；u_r 为卷吸速度，其值约为射流入水速度的 0.035 倍(Brown & Roshko[17])；u_* 为涡体与水面碰撞的速度，其值对低紊流度射流约为 $\frac{u_*}{u_i} \approx 0.01$，而对高紊流度射流约为 $\frac{u_*}{u_i} \approx 0.1$；$K$ 则为一系数。

如附壁跌落水流速度较高，以至于有 $u_i \gg u_i^*$，在射流入水点附近的水流将被一层很厚的气泡所覆盖，如图 3-12 所示。研究成果表明，此时空气的掺入率随着速度的增加而缓慢增加，并有 $q_a \approx u_i^n$，式中 n 值变化如下：当 $u_i \leqslant 5\text{m/s}$ 时其值约为 3；当 $5 \leqslant u_i \leqslant 10\text{m/s}$ 时其值约为 $1.0 \sim 1.5$；而当 $u_i \geqslant 10\text{m/s}$ 时其值则变化于 $1.5 \sim 2.0$ 之间。

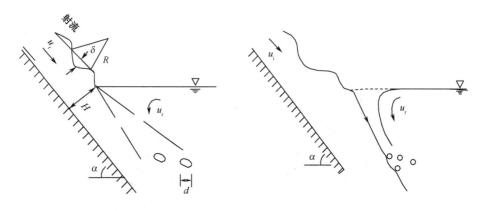

图 3-11　速度较低时附壁跌落水流的掺气　　图 3-12　速度较高时附壁跌落水流的掺气

3.4.2　水跃的掺气

水跃掺气是非常典型的强迫掺气。与明渠自掺气水流的掺气机理不同，水跃

掺气主要是通过水流在空中的散裂及与缓流水体的冲击来掺入空气。文献[18]~[20]曾对水跃掺气及其影响进行过探讨,研究成果表明:

(1) 水跃掺气的临界弗劳德数 $Fr_c = 1.7$,其掺气范围为 $x < 1.1(h_2 - h_1)$ 的区域内。掺入的空气一部分随着水流向下游运动,直到水跃下游逸出水面,另一部分空气则在紊动作用下卷入旋滚区被回流带回跃首或逸出水面。式中 x 为距跃首距离,h_1 与 h_2 分别为跃前与跃后水深。

(2) 空气由水跃跃首掺入后,向下游及壁底扩散。弗劳德数 Fr_1 较大时,到达底部的空气更多,而当 $Fr_1 < 5$ 时,掺气区到达不了壁底。

(3) 图 3-13 给出了断面平均含气浓度 $\bar{C}$ 的沿程变化。$\bar{C}$ 在水跃跃首附近急剧增加,至距跃首的纵向长度 $x = 0.7(h_2 - h_1)$ 左右达到最大值,而后沿程逐渐衰减。

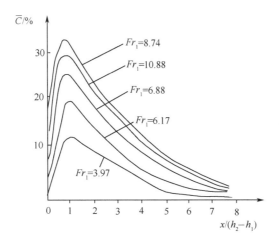

图 3-13 断面平均含气浓度的变化

(4) 淹没度增加导致水流内部含气浓度减小,当淹没度达到 1.3 时,试验中几乎观测不到掺气现象。

(5) 定义掺气出现处至含气浓度为 2% 处的最大水平距离为掺气区长度 L_a,试验资料表明

$$L_a = 11.75 h_1 (Fr_1 - 2) \qquad (3.4.2)$$

当 Fr_1 大于 7 时,L_a 超过水跃区长度,而如 Fr_1 小于 7,掺气区长度则小于水跃长度。

(6) 掺气可降低水跃的第二共轭水深,减轻跃后水面的波动,并调整跃后水流的垂线流速分布。试验成果表明,当掺气浓度达到 30% 时可使水跃横断面的流速分布接近渠道中的正常流速分布,从而减轻水跃对护坦下游河床的冲刷。

3.4.3 掺气设施强迫掺气

在水利工程中,为达到减免空蚀破坏的目的,常设置各种掺气设施强迫掺气。在强迫掺气设施附近,由于气泡不断溢出,加之水面还有可能存在掺气,因此,水流具有典型的非均匀掺气特征。对如图 3-14 所示的明渠中非均匀掺气水流,其含气浓度 C 的控制方程可简化为

$$u \frac{\partial \bar{c}}{\partial x} = \frac{\partial}{\partial y}\left(\varepsilon_a \frac{\partial \bar{c}}{\partial y} \right) - v_a \frac{\partial \bar{c}}{\partial y} \qquad (3.4.3)$$

对式(3.4.3)附加上相应的边界条件,通过数值计算即可求得相应的含气浓度分布。文献[21]中给出了理论分析成果。

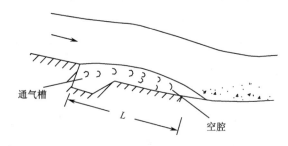

图 3-14　明渠中非均匀掺气水流

参 考 文 献

1　法尔维.水工建筑物中的掺气水流.王显焕译.北京:水利电力出版社,1984

2　彼得卡.J A.掺气对气蚀的影响.高速水流论文译丛.第 1 辑第 1 册.北京:科学出版社,1958

3　斯里斯基.高水头水工建筑物的水力计算.毛世民,扬立信译.北京:水利电力出版社,1984

4　吴持恭.明渠水气二相流.成都:成都科技大学出版社,1989

5　Rosenberg B. David Taylor Model Basin Report(727),1953

6　Hinze J O. Fundamentals of the hydrodynamic mechanism of splitting in dispersion processes. Am. Inst. Chem. Eng. J. , 1955,1(3):289~295

7　Davies R M, Taylor G I. Proc. Roy. Soc. (London), 1950,200:375~390

8　Haberman W L, Morton R K. David Taylor Models Basin Report(802), 1953

9　Keller R J, Rastogi AK. Prediction of flow development on spillways. Proc. ASCE, J. Hyd. Div. , 1975,101 (HY9):1171~1184

10　Liu Shi-he, Qu Bo. Numerical simulation of aerated jet. XXIX IAHR Congress Proceedings, Theme D, 2001,Ⅱ

11　刘士和,梁在潮.平面掺气散裂射流特性.水动力学研究与进展,1995,A缉 10(3)

12　刘宣烈,张文周.空中水舌运动特性研究.水力发电学报,1988(2)

13　吴持恭,杨永森.空中自由射流断面含水浓度分布规律研究.水利学报,1994(7)

14　沙柯洛夫.在溢流式水电站模型上的水流掺气的研究.高速水流论文译丛.第一期.第一册.北京:科学出版社,1958

15 麦考夫等. Air entrained in pool by plunging water jet. ASCE, J. Hyd. Div., 1980, 106(HY10):1577~ 1593

16 Sene. Ph. D Dissertation. Cambridge University, 1984

17 Brown G L, Roshko A. On density effects and large structure in turbulent mixing layer. J. Fluid Mech, 1974, 64:775~816

18 郭子中, 应新亚. 二元混合流掺气特性初步研究. 河海大学学报, 1986(3)

19 周安良. 齿墩式掺气坎与消力池联合应用水力特性试验研究. 陕西机械学院硕士论文, 1990

20 张声鸣. 掺气对水跃消能影响的试验研究. 高速水流, 1988(2)

21 梁在潮. 紊流力学. 郑州:河南科学技术出版社, 1988

第4章 高速水流的消能

4.1 概　　述

在水利水电工程中,由泄水建筑物下泄的高速水流具有以动能为主的大量机械能,此巨大的能量可能对下游河床产生强烈的冲击。因此,消能防冲常常是泄水建筑物(尤其高水头、大流量泄水建筑物)设计过程中要解决的主要问题之一[1~7]。

从物理学中可知,能量是不能"消"掉的。这里所谓的消能有两方面的含意:其一是设法将对工程有潜在危害的动能尽可能地转化为热能而散失掉,让水流在预计的空间,通过水与水、水与固体边界、水与空气等各种相互摩擦、掺混、冲击、碰撞等方式,实现能量形式的转变;其二是设法让带有剩余动能的水流与防冲保护对象(建筑物基底及其附近河床)远离或分隔,以冲刷不危及建筑物本身安全为条件。

溢流坝址、溢洪道泄槽末端以及各种泄水孔洞出口处明流的常用消能方式可按高速水流的出现位置与状态分为挑流消能、底流消能、面流消能等几类,但某些特殊水流条件下要考虑采用特殊消能方式或兼用两种或两种以上消能原理的联合消能方式。

4.2 挑流消能

4.2.1 挑流消能原理与适用条件

对于尾水偏低但基岩较好的工程可用挑流消能,其特点是在泄水建筑物的末端利用鼻坎将泄出的高速水流挑离建筑物较远的下游,使水流的能量在空中和下游水垫中消耗。模型试验与原型观测成果表明,水流挑离挑坎后,在空中作抛射运动,并通过掺气、扩散及水质点相互碰撞在空中消耗部分能量。射流进入下游水垫后,随尾水深浅的不同产生不同程度的舒张变形,一般在射流内、外缘均形成程度不同的旋滚。由于水流的大部分能量要在射流入水区附近消除,由此导致冲刷坑形成并持续发展,直至冲刷坑达到一定的深度后,由于坑内水深增大,好像一层水垫,能对河床起保护作用,使河床不致被继续冲刷为止。因此,采用挑流消能方案一般均要求河床基岩有较高的抗冲能力,并要求水舌挑距大于最大冲坑深度的3~6倍以上,以确保工程安全。

挑流消能于1933年被首次应用于西班牙的Ricobayo重力拱坝的溢洪道出口,并于1936年被首次应用于法国的Mareges拱坝的滑雪式溢洪道上。在我国将底流消能改建为挑流消能的丰满水电站溢流坝则是最早采用挑流消能的工程之一,时间是1953年。相对而言,挑流消能一般不需在下游河床修建很多防护工程,是一种比较经济,设计施工简便的消能方式。但挑流鼻坎的空蚀,下游河床的冲刷及泄洪期间可能导致的雾化问题也不容忽视。

4.2.2 挑流消能工

挑流消能设计的目标应是在给定条件下获得最大的挑距,形成较小的冲坑,产生尽可能小的副作用,同时,挑流鼻坎能承受高速水流的冲击等。

挑流消能工包括导流墙、隔墙、分流墩及挑流鼻坎等,而挑流鼻坎是其主要的消能工,其广泛用于高、中水头的各种泄水建筑物中,包括溢流坝、溢洪道、泄洪孔洞、溢流厂房顶等。按设置高程分,有设于坝顶附近的高鼻坎、坝身中部的中鼻坎、接近尾水位的低鼻坎以及尾水位下的淹没鼻坎。按体形与布置分,有顺来流方向挑射的正鼻坎,斜交于流向的斜鼻坎,设于弯道末端而有外侧超高的扭曲鼻坎;有带扩张边墙的扩散鼻坎,带收缩边墙的收缩鼻坎,出口收缩得很窄的窄缝鼻坎;有剖面形态均一的连续鼻坎,齿槽相间的差动鼻坎,中间隆起的分流鼻坎;对于多孔泄水建筑物或枢纽中多种相邻的泄水建筑物,按其挑流消能设施的空间分布,还有分别设置于不同高程的高低鼻坎,平面上左右对称布置促使射流空中相撞的对冲鼻坎,以较大高程差分层布置使射流上下相撞的多层鼻坎等。下面按鼻坎形状分连续式挑流鼻坎、差动式挑流鼻坎、扩散式挑流鼻坎及窄缝挑坎分别加以介绍。

1. 连续式挑流鼻坎

高速水流条件下广泛实用的连续式鼻坎如图4-1所示,其基本体形参数只有反弧半径R和出射角θ,此外还有鼻坎高程及坎唇高度。

1）鼻坎高程

鼻坎高程愈低,鼻坎出口断面上的水流流速也愈大,水舌挑距也相应增加。但为保证水舌下面有足够的通气空间,使水舌与建筑物之间的空间不至于因水舌带走的空气得不到足够的补充而出现真空,鼻坎高程也不能太低,一般需使鼻坎高出下游最高水位1～2m。否则,水舌外缘压强为大气压,水舌内缘压强则可能小于大气压,在内外缘压力差作用下水舌轨迹将下压,挑距缩短,从而降低了消能效果。

2）反弧半径

反弧段水流运动的研究成果表明,当反弧半径减小到某一临界值,即临界反弧半径时,反弧段将出现水深急剧增大,流速系数急剧减小等现象。已有许多人先后运用多种方法对临界反弧半径进行过探讨,其中有:

（1）由流速系数极大确定临界反弧半径;

（2）由挑距极大或临界起挑条件确定临界反弧半径;

（3）根据压力突增的分界线确定临界反弧半径。

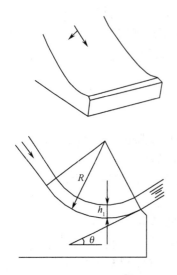

图 4-1　连续式挑流鼻坎

尽管研究者所考虑的极限条件不同,但其所得的结论是基本一致的,即高坝或高水头泄水建筑物挑流鼻坎的反弧半径 R 与鼻坎上的水深 h 之比应满足

$$R/h \geqslant 4 \sim 5 \qquad (4.2.1)$$

反弧半径对水舌挑距有一定的影响。鼻坎挑角愈大,鼻坎顶距反弧底愈高,反弧半径越小,不能形成自由挑流的流量(即水流动能不足,不能从挑坎上挑出的流量)范围也愈大,水舌跌落至坝脚附近的机会也愈多。根据实践经验,比值 $\dfrac{R}{h}$ 最小应为 $5 \sim 6$,可能时以取值为 $8 \sim 12$ 为好。

3) 鼻坎挑角

鼻坎挑角 θ 的选取应是使挑流水舌的挑距最大,由于从挑坎挑出的水流存在沿程扩散与掺气,挑流鼻坎与下游水位存在高差,相应于挑距最远的挑角小于 $45°$。此外,鼻坎挑角增加,水舌跌入下游河床的入水角也变大,水流对河床的冲刷能力也相应增强,且如挑角过大,水流挑不出去,会在鼻坎的反弧段上形成漩滚,并跌落在坝脚下造成冲刷,鼻坎的适宜挑角一般可取为 $15° \sim 35°$,对重要工程应通过试验来确定。

2. 差动式挑流鼻坎

差动式挑流鼻坎由两种挑角的一系列高坎与低坎相间布置所构成,如图 4-2 所示,也称齿槽式鼻坎[5]。水舌离开这种鼻坎时上、下分散,以加大各股水舌与空气的接触面积,增强紊动、掺气和扩散,提高消能效果,减小冲刷深度。差动式鼻坎的缺点是在高速水流作用下较易发生空蚀,特别是矩形差动式的齿坎侧面易蚀。梯形差动式齿坎就是改进抗蚀性能的另一型式。新安江水电站溢流厂房顶采用矩形差动式鼻坎;猫跳河修文水电站滑雪道溢流厂房顶采用梯形差动式鼻坎;柘溪水电站溢流大头坝先用矩形差动式鼻坎,后因空蚀问题而改用梯形差动式鼻坎。三者的运行情况都较好。

典型的矩形差动式鼻坎如图 4-2(a) 所示,图中 b_1、b_2 分别表示鼻坎的齿与槽的宽度,a_1 为从反弧底下游两列不同曲率的弧面渐变至末端所形成的最大高差,反弧底上游是半径为 R 的单一圆弧面,R 的取值原则与连续式鼻坎相同。高坎的挑射角 $\theta_1 = 25° \sim 30°$,低坎的挑射角 $\theta_2 < \theta_1$,且有 $\theta_2 - \theta_1 < 10°$,以减免可能形成的空蚀。高、低坎高差 $a_1 \approx (0.75 \sim 1.0)h_1$,坎宽 $b_1 \approx h_1$,并应有 $\dfrac{b_1}{b_2} \approx 1.5$。高坎侧壁宜设通气孔防蚀。一般来说,如来流空化数 $\sigma < 0.2$,则应放弃采用矩形差动式鼻坎,改用连续式或梯形差动式鼻坎。

与矩形差动式鼻坎相比较,梯形差动式鼻坎的高坎侧面为斜坡(图 4-2(b)),高、低坎的高差 $a_1 \approx h_1$(a_1 也是渐变至末端的最大高差),高、低坎的宽度也是渐变的,高坎上游窄、下游宽,低坎(即槽底面)反之,如此有利于提高高坎侧面压力,改善抗蚀性能。高坎下游端宽度 $b_1 = (2.5 \sim 2.7)h_1$,低坎下游端宽度 b_2 较小,宜取 $\dfrac{b_1}{b_2} \approx 1.5$。以上所用到的参数 h_1 均指反弧底水深。

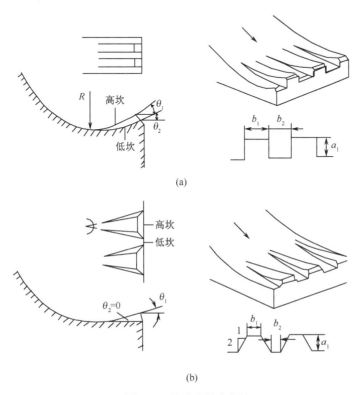

(a)

(b)

图 4-2　差动式挑流鼻坎

3. 扩散式挑流鼻坎

当泄水建筑物出口较窄,而下游河床却相当宽阔时,可考虑采用扩散式挑流鼻坎,以减小出坎单宽流量,使挑流水股在空中更充分地扩散掺气,更多地消能,以此来减轻其对下游河床的局部冲刷。对于岸边溢洪道或泄洪隧洞的出口,在平面扩散的同时,运用斜鼻坎或扭曲鼻坎,还可使水舌定向扩散,以落入下游水垫较深的河床中部。图 4-3(a)为三门峡水库左岸两条泄洪洞出口外边墙一侧扩散式斜鼻坎平面布置图。该两洞出口处设有 8m×8m 的弧形工作门,其外边墙扩散转向45°。在鼻坎末端,其宽度已超过洞口宽度的 3.5 倍。此外,在坎顶内、外侧还有 3m 的高差。

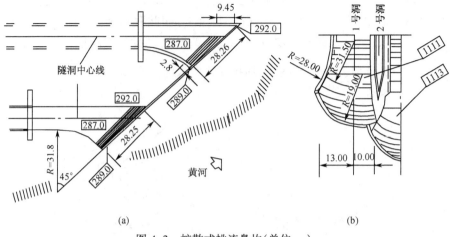

(a)

(b)

图 4-3 扩散式挑流鼻坎(单位:m)

扩散式鼻坎也可通过将鼻坎在平面上呈扇形布置来实现,此时坎顶在平面上是一段圆弧。例如,南非的里路斯(Le Roux)拱坝 4 条岸边溢洪道(皆在左岸),其总泄流量为 8000m³/s,出口都是平面上呈扇形的扩散式鼻坎(但四者具体的几何尺寸各不相同),边墙、鼻坎顶都为圆弧曲线,由此控制挑流水舌分别落入预定区域。图 4-3(b)是其外侧两条溢洪道扩散式鼻坎的平面布置图。

采用扩散式鼻坎时,为加大边墙扩张角,使水舌能在短距离内完成扩散并离坎挑射,可辅之以明显上翘的底部和采用大挑角的坎顶以强迫急流扩散,这就是被称为"挑流扩散器"的一种布置形式,其比较适用于流量不太大的有压泄水孔洞或管道出口挑流消能的情况。如图 4-4 所示,我国佛子岭水库泄洪钢管出口就采用了

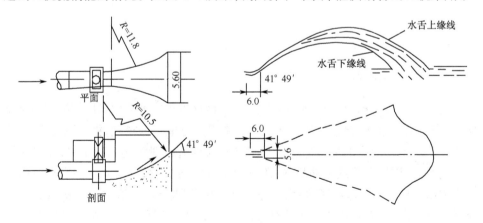

图 4-4 有压泄水道挑流消能(单位:m)

这种挑流扩散器,其鼻坎(扩散器)宽度在 6m 内由管口处的 1.75m 扩宽为 5.60m,坎顶挑角达 41°49′,使水舌离坎后在空中继续扩散的效果非常好。

扩散式鼻坎的体形参数主要有:坎顶宽度 b_2 与洞口处坎底宽度 b_1 之比 $\beta_1\left(\beta_1=\dfrac{b_2}{b_1}\right)$、坎高 a 与洞口处水深 h_1 之比 $\alpha_1\left(\alpha_1=\dfrac{a}{h_1}\right)$。$\alpha_1$、$\beta_1$ 与相应于起挑单宽流量 q_i 的弗劳德数 Fr_i 之间存在如下关系

$$Fr_i^2 - \frac{3}{\beta_1^{2/3}}Fr_i^{2/3} + 2(1-\alpha_1) = 0 \qquad (4.2.2)$$

在设计过程中,对于拟定的某一组体形参数,可用式(4.2.2)求出 Fr_i,进而求出相应的起挑流量,以此作为体形设计是否得当的判别条件。

4. 窄缝挑坎

窄缝挑坎由泄水建筑物末端边墙急剧收缩而形成,是一种极具特色的新型消能工,尤其适用于深窄狭谷高水头运行的情况。1954 年,葡萄牙高 134m 的卡勃利尔(Cabril)拱坝的泄洪洞首次采用了这种收缩式鼻坎,随后在 20 世纪 60～70 年代被伊朗、西班牙、法国等国家的许多高水头溢洪道相继采用。80 年代,我国在东江、东风、龙羊峡等高拱坝枢纽上也成功地采用了这种消能工。图 4-5 给出了西班牙高 202m 的阿尔门德拉(Almendra)拱坝左岸溢洪道所采用的窄缝挑坎的平面布置图。该挑坎上作用水头 119m,两条泄槽在长约 150m 范围内底宽先由 15m 沿程收缩至 5m,最后 10 余米内又急剧收缩至宽仅 2.5m,且在平面上分别偏转 20°和 29°30′。挑坎边墙呈曲线形,出口断面呈 V 形,出口单宽流量达 $600\text{m}^3/(\text{s}\cdot\text{m})$,流

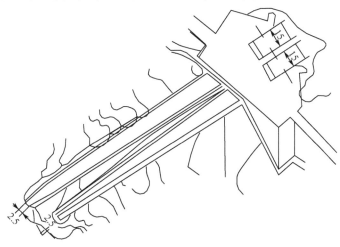

图 4-5　阿尔门德拉(Almendra)拱坝左岸溢洪道窄缝挑坎
平面布置图(单位:m)

速超过 40m/s。该工程建成运行后,1976 年曾进行过原型观测,原型观测资料与室内模型试验资料甚为吻合。

窄缝挑坎的消能机理如图 4-6 所示,急流通过收缩边壁时,形成冲击波,导致沿垂向各质点的速度具有不同的倾角,其趋势为愈近自由表面倾角愈大。水流出收缩段后,各质点继续沿不同方向运动,由于流速的垂向分量远大于其横向分量,故水舌的垂向扩展常比横向扩展更充分,由此导致水舌的纵向入水范围大大增加,水舌的有效冲刷能力也相应减小。

窄缝挑坎比较重要的体形参数是收缩比 $\frac{b}{B}$(图 4-6)。只有当 $\frac{b}{B}$ 足够小时才能形成预期的良好流态,其流态特征是:收缩段两边冲击波在坎顶中点汇合,使出射水舌上缘挑角大大上翘;水舌在空中分布成沿垂向与纵向拉开的扫帚状,并充分掺气扩散,以至于水舌呈乳白色。与连续式挑坎相比,窄缝挑坎上缘挑距(图 4-6 中 L_1)加大,而下缘挑距(图 4-6 中 L_2)减小。根据高季章等的试验研究成果[8],上述流态的出现,要求收缩比满足如下条件

$$\frac{b}{B} \leqslant \frac{4h_k}{Z_c} = \frac{4q^{2/3}}{g^{1/3}Z_c} \tag{4.2.3}$$

式中 q 为宽度为 B 的收缩段起始处的单宽流量;Z_c 为库水位与挑坎底部高程之差;g 为重力加速度;h_k 为由 q 所决定的临界水深。式(4.2.34)适用于坝高 P 与堰顶水头 H_1 之比 $\frac{P}{H_1}=7.67\sim19.1$ 的情况。

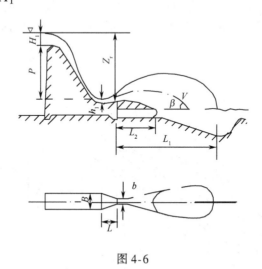

图 4-6

我国在将窄缝挑坎用于龙羊峡拱坝溢洪道消能时,对其体形通过模型试验进行了优化,采用了一种对称曲面贴角窄缝坎,如图 4-7 所示。这种鼻坎由两个相同曲面贴角斜鼻坎对拼而成,并加设缺口突跌陡槽及通气孔等掺气减蚀设备,使水流

越过边墙后在空中交汇相撞,下缘水股受缺口陡槽导向也能对冲散开,在大、小流量下都能形成良好流态。此外,曲面贴角还起到了加强边墙的作用。试验成果表明,与平底直墙的窄缝坎比较,这种坎的射流纵向拉开长度净增40%,下游冲刷深度也减小约40%,且边墙高度减少近2/3。

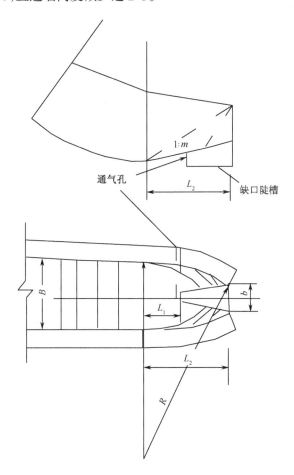

图 4-7　对称曲面贴角窄缝坎

4.2.3　挑流消能水流运动计算

根据挑流水舌的运动过程,可将其分为三段,即坝面溢流段、空中扩散段及水下淹没扩散段。

1. 坝面溢流段水流运动计算

坝面溢流段水流运动计算的目的在于获得水舌在挑坎处的流速、挑坎断面上的水舌几何尺寸等,以作为水舌空中扩散段计算的上游边界条件。

坝面溢流段水流运动计算可采用四种方法:方法之一是采用本文第 2 章介绍的紊流模型(在溢流坝面有掺气,而掺气所造成的影响又非常重要时甚至还需采用两相紊流模型)和相应的数值计算方法进行计算;方法之二是采用双层模型进行计算,在内层,也即靠近溢流坝面附近,由于水流运动受分子黏性影响较大,用溢流边界层理论描述,而在离溢流坝面距离较远的外层则可忽略分子黏性影响而用势流理论进行计算,两层之间通过速度的匹配建立联系;方法之三是完全忽略黏性作用将溢流坝面全区的水流运动看成是势流运动,直接用势流理论进行计算;方法之四是运用水力学的方法直接建立挑坎处的水力要素与上、下游水位差及流量等之间的关系,再运用试验及原型观测资料确定其中的有关系数。

方法之一从力学理论上来看最好,适用性最强,其计算工作量也最大,在坝面掺气与雾化问题等的研究中有必要采用此种方法。

方法之二涉及溢流边界层理论。所谓溢流边界层,指的是在重力作用下具有自由表面的水流流经固体边壁所形成的边界层。溢流边界层具有与一般绕流边界层不同的特征,主要有:① 溢流边界层是在具有自由表面的有限水深的水流中产生的,因而边界层有可能包括全部水深,在不少情况下,边界层厚度与水深同数量级;② 质量力对边界层的发展起着重要作用,坝面溢流所形成的边界层属溢流边界层的一种,对此种边界层,重力与离心力在边界层的形成与发展中均起着重要作用。有关溢流边界层的介绍详见文献[9]。

方法之三已有不少人进行过研究,我们也曾对湖南省柘溪水电站溢流坝上的水流运动进行过数值计算[10]。如图 4-8 所示,将溢流坝过坝水流视为二维理想势流,选用流函数 ψ 作为基本未知函数,则过坝水流运动的控制方程变为

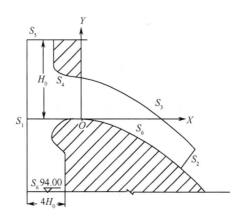

图 4-8 溢流坝过坝水流图

$$\frac{\partial^2 \psi}{\partial x^2} + \frac{\partial^2 \psi}{\partial y^2} = 0 \tag{4.2.4}$$

其边界条件为进、出口边界上

$$\left.\frac{\partial \psi}{\partial n}\right|_{S_1} = 0, \qquad \left.\frac{\partial \psi}{\partial n}\right|_{S_2} = 0 \tag{4.2.5}$$

坝面上

$$\psi|_{S_6} = 0 \tag{4.2.6}$$

自由面及胸墙上

$$\psi|_{S_3} = \psi|_{S_4} = \psi|_{S_5} = q(待定) \tag{4.2.7a}$$

$$\left[\frac{\left(\frac{\partial \psi}{\partial n}\right)^2}{2g} + y\right]_{S_3, S_5} = H \tag{4.2.7b}$$

用边界元法进行数值计算,将图 4-8 所示的边界用众多的结点划分成相应的线性元,将上述方程及其边界条件离散成方程组,并迭代求解,即可得到流函数,并进一步得到速度场及坝面时均压强的变化。

方法之四是工程上通常采用的方法,对连续式挑坎处水流的断面平均流速 u_0,根据能量方程,有

$$u_0 = \varphi_1 \sqrt{2gs_1} \tag{4.2.8}$$

式中 s_1 为坝上游水位与挑坎底部高程之差,φ_1 为坝面的流速系数,其多用原型观测和模型试验所得的经验公式计算。由于在原型观测中,测定挑流水舌的外缘比测定内缘或中心线容易,而且根据实际调查,冲刷坑的最深点大体在水舌外缘线的延长线上,因此常用测出的水舌外缘的距离由抛射体公式反求 φ_1。我国长江科学院在分析模型试验与原型观测资料的基础上,得出了如下经验公式

$$\varphi_1 = \sqrt[3]{1 - \frac{0.055}{\sqrt{K}}} \tag{4.2.9}$$

式中 $K = \frac{q}{\sqrt{g}E^{1.5}}$ 为流能比,q 为单宽流量[m³/(s·m)],g 为重力加速度(m/s²),E 为上游水面至下游河床的垂直距离(m)。式(4.2.9)的适用范围为 $K = 0.004 \sim 0.15$,对于 $K > 0.15$ 的情况,可按 $\varphi_1 = 0.95$ 计算。

对具有 $\theta = 0°$ 平底直线边墙的窄缝挑坎(图 4-9),在初步水力计算时,有关参数可取值如下[4]:水舌上挑射角 $\theta_1 = \arctan\left(\frac{h_2 - h_1}{L}\right) + 5°$,水舌下挑射角 $\theta_2 = \theta - 10°$;水深 $h_1 = \frac{Q}{v_1 b}$,$h_2 = \frac{Q'}{v_2 b}$,其中 v_1、v_2 需用以下两式联解

$$v_1 = \phi\sqrt{2g(Z_c - h_1)} \tag{4.2.10a}$$

$$v_2 = \sqrt{v_1^2 + 2g\left(h_1 - \frac{Q}{2v_2 b}\right)} \qquad (4.2.10b)$$

式中 ϕ 为流速系数。

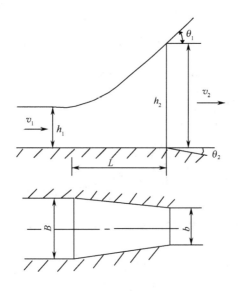

图 4-9　窄缝挑坎出流

2. 空中扩散段

1) 水舌挑距的计算

过去人们通常认为挑流水舌在空中的运动与理论力学中单个质点在空中作抛射运动相当,因此可用质点运动的抛射体理论来计算挑流水舌的轨迹。根据质点运动的抛射体理论,得到水舌在从挑坎挑出至落入下游水面运动期间的水舌挑距 L_1 为

$$L_1 = \frac{u_0^2 \sin(2\theta_0)}{2g}\left[1 + \sqrt{1 + \frac{2gy}{u_0^2 \sin^2\theta_0}}\right] \qquad (4.2.11)$$

式中 y 为挑坎底部高程与下游水位之差, θ_0 为挑坎挑角。

当挑坎处水流运动的速度 u_0 增加到某一值之后,挑流水舌将出现掺气、散裂,如果水舌的掺气散裂发展到一定程度,则水舌扩散与空气阻力对挑流水舌的运动有直接影响。碧口水电站溢洪道原型观测资料[11]表明:如 $u_0 < 20\text{m/s}$,空气阻力对水舌运动影响甚微;当 $u_0 = 25\text{m/s}$ 已有明显的空气阻力影响;当 $u_0 = 40\text{m/s}$,空气阻力影响更加明显。对计入空气阻力影响的水舌挑距计算式,我国长江科学院给出的公式为

$$L_{1p} = 2\varphi_1^2\cos\theta_0\left(\sin\theta_0 + \sqrt{\sin^2\theta_0 + \frac{1}{\varphi_1^2}\frac{y}{s_1}}\right)s_1 \qquad (4.2.12)$$

式中 y 为挑坎底部高程与下游水位之差，θ_0 为挑坎挑角，s_1 为上游水位与挑坎底部高程之差，φ_1 为流速系数，其计算式为(4.2.9)。

为对水舌掺气与空气阻力对水舌挑距的影响进行探讨，下面以第 3 章 3.3.2 节中平面充分掺气散裂射流的数学模型为基础对宽薄型挑流水舌的挑距进行分析[12]：

以 $u_0，\beta_0$ 和 H_0 分别表示平面充分掺气挑流水舌出挑坎时水舌轴线上的断面平均流速，断面平均含水浓度及水舌半厚，通过简化，得到其在直角坐标系中的断面平均流速 $u_x，u_y$ 的控制方程为

$$\frac{\mathrm{d}u_x}{\mathrm{d}t} = -\frac{1}{2}C_{\mathrm{f}}\frac{u^3\cos\theta}{u_0\beta_0 H_0} \qquad (4.2.13a)$$

$$\frac{\mathrm{d}u_y}{\mathrm{d}t} = -g - \frac{1}{2}C_{\mathrm{f}}\frac{u^3\sin\theta}{u_0\beta_0 H_0} \qquad (4.2.13b)$$

以阻力系数 C_{f} 为小参数对式(4.2.13)进行展开，最后得到考虑掺气及空气阻力影响的水舌运动轨迹方程为

$$Y - Y_0 = (X - X_0)\tan\theta_0 - \frac{1}{2}g(1 + C_{\mathrm{f}}K)\frac{(X - X_0)^2}{u_0^2\cos^2\theta_0} \qquad (4.2.14)$$

式中

$$K = \frac{1}{3\beta_0\cos\theta_0}\frac{X - X_0}{H_0}\left[1 - \frac{1}{2}\frac{gH_0}{u_0^2}\tan\theta_0\frac{X - X_0}{H_0} + \frac{1}{10}\frac{g^2 H_0^2}{u_0^4\cos^2\theta_0}\left(\frac{X - X_0}{H_0}\right)^2\right]$$

$$(4.2.15)$$

为反映掺气及空气阻力影响的修正函数。如以

$$Fr_0 = \frac{u_0}{\sqrt{gH_0}} \qquad (4.2.16)$$

表示水舌出挑坎时的弗劳德数，以 L_1 表示水舌的理论挑距，也即

$$L_1 = \frac{u_0^2\sin2\theta_0}{2g}\left(1 + \sqrt{1 + \frac{2gy}{u_0^2\sin^2\theta_0}}\right) \qquad (4.2.17)$$

并定义无量纲量

$$\xi = \frac{L_1}{H_0}\frac{1}{Fr_0^2\cos\theta_0} \qquad (4.2.18)$$

则得考虑掺气及空气阻力影响的水舌挑距 L_2 为

$$\frac{L_2}{L_1} = 1 - \frac{1}{6}\frac{C_{\mathrm{f}}}{\beta_0}\frac{Fr_0^2}{\sin\theta_0}\xi^2\frac{1 - 0.5\xi\sin\theta_0 + 0.1\xi^2}{\sqrt{1 + \frac{2}{Fr_0^2\sin^2\theta_0}\frac{y}{H_0}}} \qquad (4.2.19)$$

2）水舌空中消能率的计算

对掺气强烈的挑流水舌，其外缘空气的卷入将导致阻力的增加及水舌内部紊动结构的改变，使一部分机械能转化为热能而散逸掉。如以 y_0 与 y_T 分别表示挑坎处及入水前挑流水舌轴线上的点与基准面之间的距离，则挑坎处与入水前挑流水舌的总能量 E_0 与 E 分别为

$$E_0 = \int_{-H_0}^{H_0} \rho g u (y_0 + y) \mathrm{d}y + \int_{-H_0}^{H_0} \frac{1}{2} \rho u^3 \mathrm{d}y \qquad (4.2.20)$$

$$E = \int_{-H}^{H} \rho g u (y_T + y) \mathrm{d}y + \int_{-H}^{H} \frac{1}{2} \rho u^3 \mathrm{d}y \qquad (4.2.21)$$

定义挑流水舌的空中消能率 η 为其空中能量损失与其在挑坎处的总能量之比，也即

$$\eta = \frac{E_0 - E}{E_0} \qquad (4.2.22)$$

由式(4.2.20)～式(4.2.22)与式(3.3.22)～式(3.3.28)不难看出

$$\eta = f\left(\theta_0, Fr_0, \beta_0, \frac{y_0 - y_T}{H_0}\right) \qquad (4.2.23)$$

此外，η 还与卷吸系数 α_1 及阻力系数 C_f 有关，而此两系数又取决于消能形式。初步研究成果表明：如式(4.2.23)中其他参数不变，空中消能率随初始弗劳德数的增加而单调增加，但其随初始挑角的增加则呈先增后降的变化趋势，也即当式(4.2.23)中其他参数不变时，存在某一特定的初始挑角，其能使空中消能率达到最大。

3．水下淹没扩散段

挑流水舌在下游水垫中的扩散问题十分复杂，下面分水舌的水下扩散及水舌冲击底板的动水压强两部分加以介绍[13]。

1）射流的水下扩散

如图 4-10 所示，实际水舌入水断面形状非常复杂，水舌自身及水舌入水过程中还伴随着大量掺气，而且随着冲刷坑的形成，底部边界形状也非常复杂，因此，工程实际中挑流水舌的水下淹没扩散段属复杂边界上的三维水-气两相流。为简化起见，下面仅对图 4-10 所示的水舌（单相）垂直入水问题进行分析，以了解水舌水下扩散的主要特征。

如图 4-10 所示，从运动特征上来看，水舌的水下扩散经历了自由射流区，冲击区及附壁射流区三个阶段。图 4-11 给出了自由射流区与冲击区的无量纲速度分布，由图可知，其速度分布存在相似性，并可表示为

$$\frac{u}{u_m} = \exp\left[-0.696\left(\frac{y}{b_u}\right)^2\right] \qquad (4.2.24)$$

式中 b_u 为射流横向宽度,以速度半宽表示,其与水垫水深 H 之间的关系为

$$b_u = 0.1(x + 0.15H) \qquad (4.2.25)$$

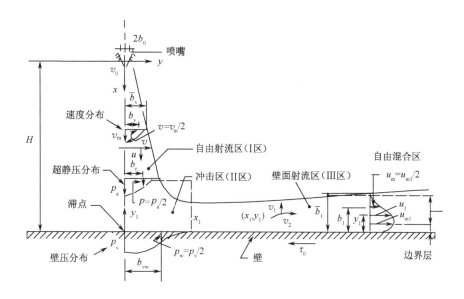

图 4-10 水舌垂直入水概化图

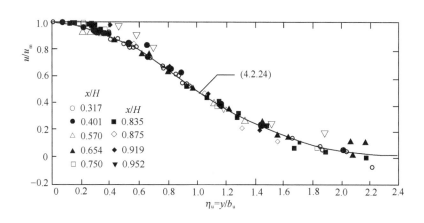

图 4-11 自由射流区与冲击区的无量纲速度分布

对壁面射流区,速度分布同样存在相似性,其分布如图 4-12 所示。

图 4-11、图 4-12 及式(4.2.24)中 u_m 为射流轴线上的速度。在自由射流区 u_m 可用下式近似表示

$$\frac{u_m}{u_1} = 2.5\sqrt{\frac{b_1}{x}} \qquad (4.2.26)$$

对冲击区,则有

$$\frac{u_m}{u_1}\sqrt{\frac{H}{b_1}} = 5.5\sqrt{1 - \frac{x}{H}} \qquad (4.2.27)$$

式中 b_1 为水舌初始入水宽度。

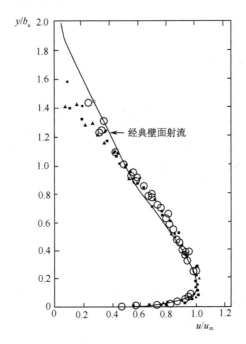

图 4-12　壁面射流区无量纲速度分布

对于掺气水流,如以 C_1 与 b 分别表示断面平均掺气浓度与掺气水舌入水宽度,则可取 $b_1 = (1 - C_1)b$,并将 u_m 表示为[3]

$$\frac{u_m}{u_1} = k\left(\frac{x}{b_1}\right)^{-0.5} \qquad (4.2.28)$$

至于式(4.2.28)中的系数,安芸周一建议取 $k = 2.52$(适用于 $\frac{x}{b_1} = 20 \sim 50$);Albertson建议取 $k = 2.28$(适用于 $\frac{x}{b_1} > 100$);罗铭、郭亚昆建议取 $k = 2.81$(适用于 $\frac{x}{b_1} = 5.8 \sim 24$)。

2) 水舌冲击底板的动水压强

如下游水深不大,水舌与下游水面碰撞后将直接冲击底板(或河底)。研究成果表明[13],如将作用于底板上的时均压强 $\bar{p}$ 用其最大值 $\bar{p}_m$ 无量纲化,则如图4-13

所示,无论水舌入水角是 90°,还是 60°或 45°,其时均压强均可用下式近似

$$\frac{\bar{p}}{\bar{p}_m} = \exp\left[-0.5\left(\frac{y}{b_p}\right)^2\right] \qquad (4.2.29)$$

式中 b_p 为时均压强半值宽,也即 $b_p = y\big|_{\bar{p}=0.5\bar{p}_m}$。

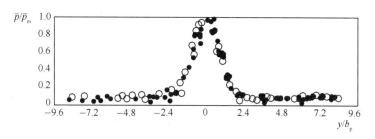

图 4-13　底板上时均压强分布

冲击区范围为

$$\left|\frac{y}{b_p}\right| \leqslant 2.4 \qquad (4.2.30)$$

试验资料还表明,对于入水角为 60°与 45°的水舌,其最大时均压强的位置并非位于射流轴线与底板的交点 O,而是位于点 O 附近的上游 S 处,如图 4-14 所示,点 S 与点 O 之间的距离称为滞点偏心距。对理想射流,Schauer 和 Eustis 给出滞点偏心距 s 为

$$s = 0.154\cot\Phi H \qquad (4.2.31)$$

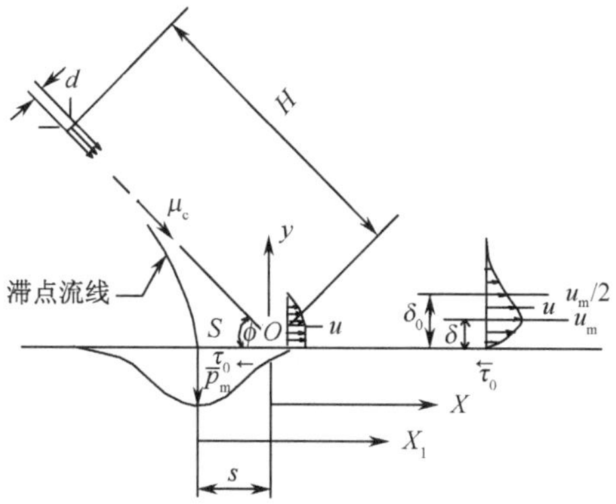

图 4-14　最大时均压强位置

最大时均压强 $\bar{p}_m$ 是人们颇为关注的问题,我国拱坝设计规范中采用的计算公式为

$$\frac{\bar{p}_m}{\gamma} = \frac{(V_1 \sin\beta)^2}{2g} \qquad (4.2.32)$$

式中

$$V_1 = \frac{2.5 V_0}{\sqrt{\dfrac{h_2}{d_0 \sin\beta}}} \qquad (4.2.33)$$

$$V_0 = \varphi \sqrt{2g Z_0} \qquad (4.2.34)$$

式中 Z_0 为上、下游水位差，V_0, d_0, β 分别表示水舌入水流速，入水厚度及入水角，φ 为流动在坝面及空中的流速系数，V_1 为水舌在水垫塘底部的近底流速，h_2 为水垫塘内水舌入水后的水深。

谢省宗等结合拉西瓦工程水垫塘内时均压强的研究成果，建议取[14]

$$\frac{\bar{p}_m}{\gamma} = K \sin^3\beta \frac{Q Z_0^{0.5}}{g^{0.5} B_0 h_2} \qquad (4.2.35)$$

式中 $K \approx 1.65$ 为一系数。与规范所用公式相比较，式（4.2.35）相应于以 $d_0 = \dfrac{Q}{B_0 V_0}$ 替代水舌入水厚度，并取 $K = \dfrac{2.5^2 \varphi}{\sqrt{2}}$。

4.2.4 挑流冲刷计算与下游防冲措施

水舌挑离鼻坎后，由于其在空中掺气扩散所消耗的能量往往只有总能量的 20% 左右，因而还有大量的能量需借助下游水垫消杀。水舌入水后，在下游水垫形成淹没射流，直至与下游河床相接触。如水舌作用于河床上的冲刷力超过基岩或河床质的抗冲能力，则河床将被冲刷而形成冲刷坑，整个冲刷过程将持续到冲刷坑坑壁的抗冲能力与水流作用于坑壁的冲刷力相平衡为止。此时，冲刷坑的深度与原有的尾水水深共同组成下游水垫总水深。

1. 基岩冲刷机理

过去有人认为由于基岩本身强度不够，水流能从表面对岩基进行剥蚀，或由于岩基表面凹凸不平，在高速水流作用下"凸体"的下游侧会因空蚀而引起岩基破坏。但现在一般认为，作用于节理、裂隙及层面的动水压力，是在岩基冲刷破坏中起重要作用的破坏力。还有人将岩基破坏过程分解为：① 解体过程，即岩基的完整性被破坏；② 拔出过程，即岩块脱离岩床；③ 搬运过程，即大部分岩块被水流向下游搬运，而仅靠水流作用力无法搬运的大岩块则停留在冲刷坑中。

2. 局部冲刷深度估算

影响局部冲刷深度的因素很多，其中水力方面的因素主要有：上下游水位差、水流入水的单宽流量、水舌入水角、水舌的散裂和掺气程度、坝面溢流段及空中掺气扩散段的能量耗损,以及水流入水的流速分布与下游回流情况等,其中水流入水的单宽流量和上下游水位差影响最大,是主要因素;运行方面的因素有闸门的运行方式及泄洪历时等。散粒体(一般指沙、卵石和砾石)构成的河床,其抗冲能力与散粒体的密度、形状、大小和组成有关。岩石河床的抗冲能力,涉及复杂的地质条件,如岩石的性质、节理、走向等,目前对岩石块的受力状况、启动和搬运过程、在冲刷坑下游沉积的分布及对河床粗化的影响等还研究得不够,且因地质条件的复杂性,在模型试验中也很难对其准确模拟。因此,对局部冲刷深度的研究需借助理论分析、模型试验与原型观测三种方法相结合。在工程计算中可采用如下经验公式加以粗略估算。

当下游为散粒体河床时,冲刷坑深度 h_s 可由下式估算

$$h_s = 3.9 \sqrt{q \sqrt{\frac{z}{d_m}}} - h_t \tag{4.2.36}$$

式中 q 为单宽流量,单位是 m³/(s·m);z 为上、下游水位差,单位是 m;d_m 为下游河床颗粒的粒径,单位为 mm,因组成河床的颗粒粒径不一样,d_m 指 d_{90},即河床中以质量计有 90% 的颗粒粒径都比它小;h_t 为下游河床水深,单位是 m。

当下游河床为岩石时,我国溢洪道设计规范推荐的冲刷坑深度估算式为

$$h_s = K \sqrt{q \sqrt{z}} - h_t \tag{4.2.37}$$

式中 q 为单宽流量,单位是 m³/(s·m);z 为上、下游水位差,单位是 m;h_t 为下游河床水深,单位是 m;K 为冲坑系数,对坚硬完整的基岩,$K = 0.9 \sim 1.2$;对坚硬但完整性较差的基岩,$K = 1.2 \sim 1.5$;对软弱破碎,裂隙发育的基岩 $K = 1.5 \sim 2.0$。

3. 防冲措施

高水头泄水建筑物采用挑流消能方式时,防冲措施主要包括:护岸、护坦及壅高尾水的二道坝工程等。因护岸工程一般工程量很大,如拟修建,需认真论证,但在狭谷区修建高坝时,护岸工程常属必须。

4.3 底流消能

4.3.1 底流消能原理与适用条件

底流消能,也称水跃消能,是利用水跃进行流态转变及消杀能量的一种消能形式。促成水跃消能和流态转变的消能工,称为消力池或水跃消能塘,其特点是射流临底,底部水流流速很高,且沿下游不断降低,而在水流表面则表现为水跃漩滚,水流大量掺气。底流消能可适用于高、中、低水头,大、中、小流量的各类泄水建筑物,对地质条件要求较低,对尾水变幅的适应性也较好。然因消能塘底须修建护坦,两侧须做边墙,有时塘后还须做翼墙,以保障出塘水流的均匀扩散和与下游水流的平

顺衔接,且在软基上的塘后段还需设抛石海漫和防冲齿槽等,因此,相对而言底流消能是一种耗费较大的消能设施。例如,有时开挖量较大;而在运行水头较高时护坦前部水流速度较大,易于出现空蚀及磨损;此外,动水荷载及流激振动问题也较突出。故在我国底流消能一般运用于中小型工程,对高水头,大单宽流量的泄水建筑物,应用底流消能的实例较少。

4.3.2 底流消能的水力计算

水跃是底流消能的基础,是水流从急流流态过渡到缓流流态时出现的一种特有的水力现象。下面对其进行介绍。

1. 水跃的基本流态

对平底、无辅助消能设施的二维自由水跃,其流态随跃首断面弗劳德数 $Fr_1\left(=\dfrac{u_1}{\sqrt{gh_1}}\right)$ 而改变,式中 u_1 为跃首断面的平均流速, h_1 为跃首断面的平均水深。如图 4-15 所示,随着 Fr_1 的不同,水跃可划分为以下四种基本形式:

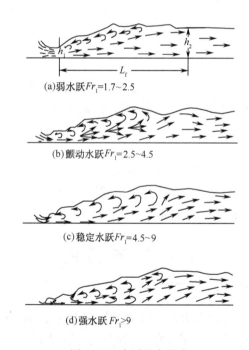

(a)弱水跃Fr_1=1.7~2.5

(b)颤动水跃Fr_1=2.5~4.5

(c)稳定水跃Fr_1=4.5~9

(d)强水跃Fr_1>9

图 4-15 水跃基本形式

(1)弱水跃。相应于 $Fr_1=1.7\sim2.5$,水跃跃后水深约为跃前水深的 $2\sim3$ 倍,流速分布较为均匀,通过水跃仅能消散来流能量的 5% ~ 18%,因而消能效率不高。

（2）颤动水跃。相应于 $Fr_1 = 2.5 \sim 4.5$，水跃跃后水深约为跃前水深的 $3 \sim 6$ 倍，底部主流常不规则地上串，水面波浪较大，水跃对河岸边坡和河床的冲刷能力较强，水跃消能效率约为 $18\% \sim 45\%$，这种水跃在实践中较常见。

（3）稳定水跃。相应于 $Fr_1 = 4.5 \sim 9$，水跃跃后水深约为跃前水深的 $6 \sim 12$ 倍，底部主流常在表面漩滚的末端附近上升到水面，并对尾水位的少量变化不敏感，流态稳定，其水跃消能效率约为 $45\% \sim 70\%$，这种水跃在实践中也较常见。

（4）强水跃。相应于 $Fr_1 > 9$，水跃跃后水深超过跃前水深的 12 倍以上，底部主流常在表面漩滚的末端之前即向上翻滚，水面波浪汹涌，其消能效率大于 70%，在工程实际中这种水跃较少见。

当 $1 < Fr_1 < 1.7$ 时，水面上出现成串的波浪，而表面横轴漩滚则不能形成，这种水跃也称为波状水跃。在工程实际中，波状水跃的上、下游水位差很小，所消耗的能量也很低。此种水跃可作为有漂浮物通过时的上、下游水流衔接方式。

人们一般将 $Fr_1 = 2 \sim 5$ 的水跃称为低弗劳德数水跃。由于此时水跃消能率不高，水流大量未消耗的余能将导致跃后水流的强烈紊动与波动，可能会给下游消能防冲带来一定的困难。

2. 平底明渠中水跃的计算

如图 4-16 所示，以 h_1, u_1, P_1 分别表示跃首断面的水深、平均流速及作用于其上的动水压力，以 h_2, u_2, P_2 分别表示跃尾断面的相应值，以 Q 及 L_j 分别表示出现水跃时的流量及跃首与跃尾断面之间的水跃长度，根据水跃的实际情况，作如下假设：

（1）忽略底部的摩阻力；

（2）跃前、跃后断面上水流具有渐变流特征，其动水压强分布可按静水压强分布计算。

根据以上假设，由沿纵向的动量方程，有

$$P_1 + \frac{\alpha_1 \gamma}{g} Q u_1 = P_2 + \frac{\alpha_2 \gamma}{g} Q u_2 \tag{4.3.1}$$

对任意断面形状的明渠，如以 h、A、y_c 分别表示相应断面的水深、断面面积及断面重心在水面下的深度，则可将作用于断面上的动水压力表示为

$$P = \int_A \gamma y \mathrm{d}A = \gamma y_c A \tag{4.3.2}$$

再利用水流运动的连续方程 $Q = u_1 A_1 = u_2 A_2$，得到平底棱柱形明渠中水跃的控制方程为

$$\frac{\alpha_1 \gamma Q^2}{g A_1} + \gamma y_{c1} A_1 = \frac{\alpha_2 \gamma Q^2}{g A_2} + \gamma y_{c2} A_2 \tag{4.3.3}$$

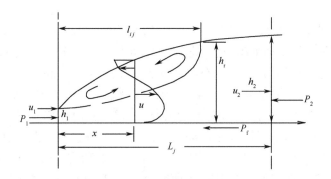

图 4-16

1) 矩形断面明渠中的水跃

对宽度为 b 的矩形断面明渠,有 $Q = bq$,$A = bh$,$y_c = 0.5h$,如取 $\alpha_1 = \alpha_2 = 1$,则得

$$\frac{h_2}{h_1} = \frac{1}{2}\left[\sqrt{1 + \frac{8q^2}{gh_1^3}} - 1\right] \tag{4.3.4}$$

由于 $\dfrac{q^2}{gh_1^3} = Fr_1^2$,因此,式(4.3.4)也可改写为

$$\frac{h_2}{h_1} = \frac{1}{2}\left(\sqrt{1 + 8Fr_1^2} - 1\right) \tag{4.3.5}$$

当 $Fr_1 > 4$ 时,式(4.3.5)可近似为

$$\frac{h_2}{h_1} = \sqrt{2}Fr_1 - 0.5 \tag{4.3.6}$$

水跃的长度应取为跃首、跃尾两个断面之间的距离(或取为表面横轴漩滚的水平长度)。水跃跃首断面的位置非常明确,而跃尾断面的位置则不甚明确。水跃长度 L_j 的计算一般采用基于试验资料的经验公式,对不设置辅助消能工的自由完整水跃,常用的经验公式有

$$L_j = 6.9(h_2 - h_1) \tag{4.3.7a}$$

$$L_j = 9.4(Fr_1 - 1)h_1 \tag{4.3.7b}$$

$$L_j = (5.2 \sim 5.6)h_2 \tag{4.3.7c}$$

尽管水跃长度是设计消力池的重要依据,但其跃长计算的经验公式精度还是较低。由于实际工程中不少消力池采用了辅助消能工,因此,消力池的长度一般比根据经验公式(4.3.7)计算所得到的值为小。

水跃的水面曲线是设计消力池边墙高度及消力池池底水力荷载计算的重要依据。一般可按跃前跃后水深之间呈直线变化来进行估算。如欲得到更为准确的结果,参见图 4-17[1]。

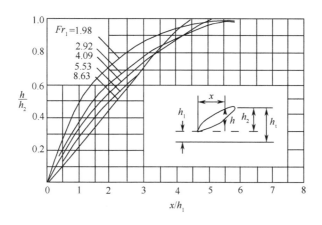

图 4-17

　　一段完整的水跃可近似认为由底部主流与表面漩滚两部分所组成,如图 4-18 所示,其中底部主流与附壁射流(一侧靠近固体边壁,另一侧在远离固壁的无限空间中的自由射流)具有一定程度的相似。Rajaratnam N[15]曾对淹没水跃与自由水跃(指收缩断面未被淹没的水跃)底部主流与附壁射流的纵向流速分布进行过比较,得到附壁射流的纵向流速分布公式为

$$\frac{u}{u_{\mathrm{m}}} = 1.48\eta^{1/7}\left(1 - \frac{2}{\sqrt{\pi}}\int_0^{0.68\eta} \mathrm{e}^{-\xi^2}\mathrm{d}\xi\right) \tag{4.3.8}$$

式中 $\eta = \dfrac{y}{\delta}$;δ 为固壁附近按 $u = 0.5u_{\mathrm{m}}$ 定义的射流厚度,也即速度半宽;u_{m} 为断面上的最大纵向流速。

　　研究成果表明,在 $\eta < 1$ 范围内淹没水跃与经典附壁射流的纵向时均流速分布完全一致;而在 $\eta > 1$ 的部分则因表面漩滚的影响而略有差异。此外,自由水跃

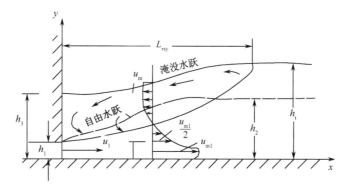

图 4-18

的底部主流也具有附壁射流的特性,但因自由水跃的表面漩滚位置是沿下游增高的,由此导致作用于底部主流上的压强也相应沿程增加。因此,自由水跃的底部主流可视为承受逆压梯度作用的附壁射流,其和经典附壁射流相比,在沿程等压强作用上是有差别的。

研究成果还表明[1],对临界水跃,其跃尾区最大底流速值 $u_b = (0.2\sim0.4)u_1$。且 u_b 与 Fr_1 成反比,也即,Fr_1 越大,u_b 越接近 $0.2u_1$;Fr_1 越小,u_b 越接近 $0.4u_1$。u_b 的大小可作为消力池中是否设置海漫以及海漫长度与抛石粒径大小的参考。对淹没水跃,$u_b = (0.18\sim0.38)u_1$,其小于临界水跃的相应值。因此,在设计消力池时,一般应使水跃有一定程度的淹没,由此一方面可以稳定水跃,使其不至于远驱于消力池之外,另一方面则可略微减小底流速值。由于底流速的减小是有限的,因此,过大的淹没也没有必要。

从工程应用上考虑可认为水跃的能量消耗全部集中在跃首与跃尾之间。如以 H_1 与 H_2 分别表示跃首与跃尾断面水流运动的机械能,并忽略此两断面处的水流紊动能量,得到自由水跃的水头损失 ΔH 为

$$
\begin{aligned}
\Delta H = H_1 - H_2 &= \left(h_1 + \frac{\alpha_1 u_1^2}{2g}\right) - \left(h_2 + \frac{\alpha_2 u_2^2}{2g}\right) \\
&= \frac{h_1}{16} \frac{(\sqrt{1+8Fr_1^2}-3)^3}{\sqrt{1+8Fr_1^2}-1}
\end{aligned}
\tag{4.3.9}
$$

由式(4.3.9)可知,在水跃段单位质量水体消耗的机械能是跃首弗劳德数的函数,并与跃首断面水深呈正比。

水跃消能系数定义为

$$
K_j = \frac{\Delta H}{H_1}
\tag{4.3.10}
$$

考虑到

$$
H_1 = h_1 + \frac{\alpha_1 u_1^2}{2g} = h_1 \left(1 + \frac{1}{2}Fr_1^2\right)
\tag{4.3.11}
$$

因而有

$$
K_j = \frac{1}{8} \frac{\left(\sqrt{1+8Fr_1^2}-3\right)^3}{\left(\sqrt{1+8Fr_1^2}-1\right)(2+Fr_1^2)}
\tag{4.3.12}
$$

由此可见,自由水跃的消能系数是跃首断面弗劳德数 Fr_1 的函数。计算结果表明,Fr_1 越大,消能效率越高。

2) 梯形断面明渠中的水跃

如图 4-19 所示,对底宽为 b,边坡系数为 m,水深为 h 的梯形断面明渠,其过水断面面积 A 及过水断面重心与水面之间的距离 y_c 分别为

$$
A = (b + mh)h
\tag{4.3.13}
$$

$$y_c = \frac{h}{3} \frac{3b + 2mh}{2b + 2mh} \qquad (4.3.14)$$

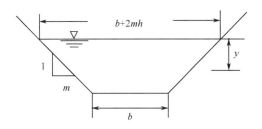

图 4-19 梯形断面明渠图

将式(4.3.13)和式(4.3.14)代入平底棱柱形明渠中水跃的控制方程,并取 $\alpha_1 = \alpha_2 = 1$,经过简化,最后得到

$$\eta^4 + (2.5\beta + 1)\eta^3 + (1.5\beta + 1)(\beta + 1)\eta^2$$
$$+ \left[(1.5\beta + 1)\beta - \frac{3\sigma^2}{\beta + 1} \right]\eta - 3\sigma^2 = 0 \qquad (4.3.15)$$

式(4.3.15)中 η, β, σ 均为无量纲参数,其值分别为

$$\eta = \frac{h_2}{h_1} \qquad (4.3.16\text{a})$$

$$\beta = \frac{b}{mh_1} \qquad (4.3.16\text{b})$$

$$\sigma = \frac{Q}{\sqrt{gm}h_1^{2.5}} \qquad (4.3.16\text{c})$$

根据试验资料,得到梯形断面明渠中水跃跃长 L_j 的计算式为[1]

$$L_j = 5\left[1 + 4\sqrt{\frac{B_2 - B_1}{B_1}} \right] h_2 \qquad (4.3.17)$$

式中 B_1, B_2 分别表示水跃跃前与跃后的宽度。与矩形断面明渠水跃跃长相比较,梯形断面明渠水跃跃长要长得多[1]。

有关梯形断面明渠中水跃的试验成果表明,其水跃跃首不齐,两侧出现斜翼,斜翼部分的水面较中间为高;水流运动不对称,或从左侧向右侧斜偏,或从右侧向左侧斜偏。因此,梯形断面明渠中水跃的流态不好,消能效率也较低。

3. 斜坡明渠中水跃的计算

若泄水建筑物下游的河床坡度大于零,为节省开挖,可利用现有河床做成消力池,则池中将形成正斜坡上的水跃。此外,平底消力池内水跃出现点的位置受下游水位的变化影响较大,如在消力池前部设置一段斜坡,也可有效地控制水跃发生的位置,解决下游水深过大的问题。在实际工程中,斜坡段的坡度一般不陡于1/4。

随着水跃跃首、跃尾及消力池底部变坡点位置的不同,可出现如图 4-20 所示的三种水跃。其中图 4-20(a)相应于水跃跃首与跃尾分别位于变坡点上、下游的情况;图 4-20(b)相应于水跃跃尾刚好位于变坡点所在断面的情况;而图 4-20(c)则相应于水跃全部位于斜坡段(纯正坡)的情况。

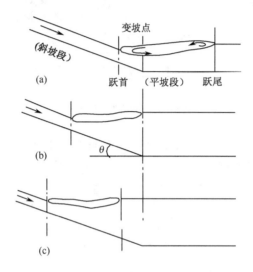

图 4-20　斜坡明渠上的水跃

与平底上的水跃不同,斜坡上的水跃必须考虑水跃区水体量的影响。对于图 4-20(b)与图 4-20(c)两种情况下的水跃,如忽略消力池底部阻力及掺气影响,并不考虑跃首、跃尾断面上流速分布不均匀的影响,则得共轭水深计算式为[1]

$$\frac{h_2}{h_1} = \frac{1}{2\cos\theta}\left(\sqrt{1 + 8MFr_1^2} - 1\right) \qquad (4.3.18)$$

式中 $M = \dfrac{\cos^3\theta}{1 - 2K\tan\theta}$,$\theta$ 为斜坡与水平面之间的夹角,K 为随弗劳德数及 θ 而变化的校正系数,其随弗劳德数的变化不大,而随 θ 的变化则较显著,详见图4-21[5]。

图 4-22 给出了斜坡水跃共轭水深比 λ(跃后与跃前水深比)随跃前弗劳德数变化的试验成果[5]。由图 4-22 可知,对于相同的弗劳德数,λ 随底坡坡度的增加而增加。

对斜坡水跃的高度 h_j 与长度 L_j 的试验研究表明[16],如以 h_{j0} 与 L_{j0} 分别表示相应条件下平坡水跃的高度与长度,则有

$$\frac{h_j}{h_{j0}} = 1 + 3\tan\theta \qquad (4.3.19)$$

$$\frac{L_j}{L_{j0}} = 1 - 1.75\tan\theta \qquad (4.3.20)$$

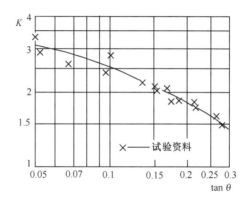

图 4-21　参数 K 随 θ 的变化

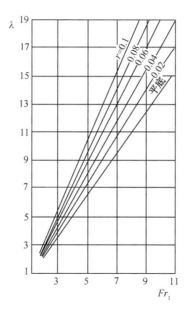

图 4-22　斜坡水跃共轭水深比随跃
前弗劳德数的变化

　　图 4-23 给出了斜坡水跃表面横轴漩滚平均水面线的试验资料,图中横坐标为相对距离,纵坐标为相对水深,由图可知,坡度 i 越大,表面横轴漩滚的长度越短。

　　图 4-24 给出了正坡与逆坡上水跃长度的试验成果,由图可知,坡度 i 越大,斜坡水跃的共轭水深比(或水跃高度)也越大,而其长度则越小。

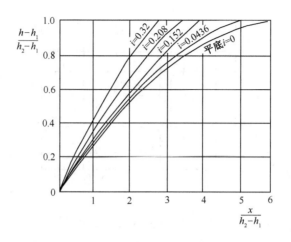

图 4-23　斜坡水跃表面横轴漩滚平均水面线试验资料

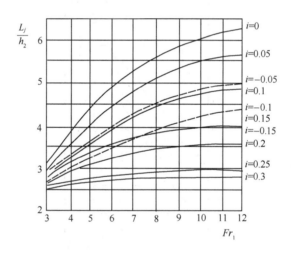

图 4-24　正坡与逆坡上水跃长度试验成果

4. 水跃与下游水面的衔接

从理论上来看,根据水跃发生的条件,跃首和跃尾的水深必须满足共轭水深关系式,但在实际上,由于与收缩断面的水深 h_c 相对应的共轭水深 h'_c 与下游水深 h_t 并不一定相同。根据 h'_c 与 h_t 的差异,可出现以下三种情况,其相应于水跃与下游水面衔接的三种不同形式。

(1) 临界水跃衔接。相应于 $h_t = h'_c$,也即水跃恰好在收缩断面发生,见图 4-25(a)所示。

（2）远驱水跃衔接。相应于 $h_t < h'_c$，如图 4-25(b)所示，此时水流从收缩断面要经过一段距离使水深由 h'_c 增加为 h_{1t}（下游水深 h_t 的共轭水深）后才能形成水跃。

（3）淹没水跃衔接。相应于 $h_t > h'_c$，如图 4-25(c)所示，此时下游尾水淹没了收缩断面。

水跃消能在以上三种形式下均能实现。但对于远驱水跃，在水跃形成之前有相当长的一段急流，其临底流速高，对河床冲刷能力强，要求保护的河床范围也相应增大。因此，从经济方面来考虑，在工程上应避免远驱水跃衔接形式。淹没水跃在淹没度较大时，消能效率较低，而水跃长度也有所增加。临界水跃衔接时虽然消能效率较高，但这种衔接形式是不稳定的。在工程上一般希望水跃能在较小的淹没度下运行。

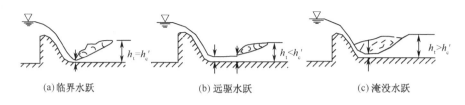

图 4-25　水跃与下游水面的衔接

4.3.3　底流消能中的辅助消能工与水跃控制

1．辅助消能工

消力池是底流消能的主要消能工，其可通过以下几种方式来实现：① 降低河床护坦高程；② 护坦末端设置消力墙。此外，在灌溉渠系中的多级跌水中也能形成消力池。与消力池有关的水力计算见文献[1]、[2]、[5]，也可参考相关的水工设计手册。下面仅对底流消能中的辅助消能工及水跃控制问题进行简要介绍。

如前所述，在消力池前端设置一段斜坡，可以控制水跃出现的位置。事实上，在消力池中还可设置坎、墩与槛等辅助消能工，以改变水跃区水流运动的边界条件。由此既可加强紊动扩散，也可提高消能效率，从而使跃后水深有所下降，消力池长度有所缩短，有时甚至还可使水跃流态稳定。设置坎、墩与槛等辅助消能工后的水跃称为受控水跃，也称强迫水跃，与此相对应，对不设坎、墩与槛等辅助消能工的水跃则成为自由水跃。辅助消能工主要有：

1）趾墩（chute block）

设置于消力池斜坡段末端或趾部，是纵剖面为三角形的齿墩，其主要作用是使进入消力池的急流在垂向上扩散，并在横向上分散为多股，从而使弗劳德数有所下降，跃后水深有所减小。根据对 28 个上、下游水位差介于 30～50.4m，最大单宽流量达 66.1 $m^3/(s \cdot m)$，跃前断面弗劳德数为 6.4～11.4 已建工程资料的统计，得到趾墩尺寸为[5]：趾墩高度 h 比跃前水深 h_1 略大，其比值 $\frac{h}{h_1}$ 的平均值为 1.38；趾墩宽度 b 与跃前水深 h_1 基本相等，其比值 $\frac{b}{h_1}$ 的平均值为 0.97，变幅范围为 0.44～1.67；趾墩槽宽 s 与跃前水深 h_1 基本相等，其比值 $\frac{s}{h_1}$ 的平均值为 1.15，变幅范围为0.95～1.91。

2）前墩

前墩设置于水跃前部，其辅助消能作用大，在促使强迫水跃形成及缩短消力池长度方面的作用也比较明显。在工程实际中，前墩的应用一般限于中、低水头的中、小型工程，其原因主要在于受高速水流的空蚀破坏以及所携带沙石的撞击及磨损破坏等的限制。防止消力墩发生空蚀破坏的途径主要有：① 限制冲击前墩的水流流速，其值一般不大于 15m/s。② 改进前墩的体型，包括对前墩的棱线进行圆化甚至将其做成流线型；齿墩前窄后宽使槽内水流收敛等，其目的在于降低前墩的初生空化数，并使其值不大于来流的水流空化数，该方法在水流流速达 20～30m/s时一般成效不显著；此外，流线型前墩的辅助消能作用也较小。③ 通气，对前墩出现严重负压或空化现象较显著的部位开设通气孔，从而避免空化现象的出现及空蚀破坏的发生。④ 超空化消力墩，选用前宽后窄的齿坎，有时也可同时利用通气，使空化充分发育，并使馈灭空泡远离固体边界，使消力池的设施不因空蚀作用而破坏。

3）后墩

后墩设置于水跃区后部。由于其位置偏后，因此冲向后墩的流速较低，其辅助消能效果也不是很显著，一般用于改善水跃流态。后墩的高度需与跃后水深成一定比例，在尾水较深时存在墩高过大的问题。

4）尾槛

尾槛设置于消力池末端，具有辅助消能作用，还可控制出池水流的底部流速。此外，槛后还可形成小的底部横向环流，防止在尾槛下游出现较深的贴壁冲刷。尾槛可分为连续式与齿式两大类。

2．水跃控制

控制水跃的目的有三种，即解决尾水偏深，或尾水不足以及缩短水跃长度的问题。

对于尾水偏深的问题，一般设置跃首跌坎，形成坎控水跃。而对缩短水跃长度的问题，一般需同时运用跃首坎、消力墩和尾槛，受墩、坎位置不同的影响，阻力系数有较大变化，且墩、坎之间相互干扰，水流受力条件复杂，故难于导出理论公式。一般来说，跃长缩短的幅度随墩、坎的形状，位置及布置的不同而异。

4.3.4 底流消能的下游局部冲刷与防冲措施

在底流消能中,通过水跃虽然一般能消减来流中大部分时均运动的机械能,但在跃尾仍有一部分余能无法消除。此外,由于水跃区水流紊动强烈,在跃尾也有一部分紊动能来不及完全耗散。仅从时均流速分布这一一阶统计量上来看,跃尾区水流的底流速仍较大,其调整到河道(明渠)中正常的速度分布尚需经过一段距离(称为跃后段长度),从紊动流速的两阶甚至高阶统计量上来看,跃后段水流调整到正常分布的距离将更长。由于在水流中存在较大的时均运动余能及紊动能量,其对易冲的沙质河床极易造成冲刷。因此,对水跃跃后段的河床常需采用一定的防冲措施。

海漫与防冲槽是水跃消力池下游最常见的防冲措施。在修建护坦式海漫的同时,两侧还需修建较长的翼墙或导墙,以有利于水流的适当扩散,并防止出现较严重的回流。对于多孔泄水建筑物,还应对调度应用的合理性进行研究,以避免偏斜水流及折冲水流等不良流态的出现。

此外,对于水跃消力池下游的两岸山坡,还需注意防止主流、回流和波浪的冲刷与淘刷破坏。

4.4 面 流 消 能

4.4.1 面流消能原理与适用条件

面流消能也是坝下消能的基本形式,但其实用不如底流消能与挑流消能广。如图 4-26 所示,面流消能可分两类:跌坎面流和戽斗面流,两者的共同点在于:来流离开跌坎或戽斗后,高速水股在下游水面;底部有顺时针横轴漩滚;表面可能有1~2 个逆时针横轴漩滚(取决于下游水深条件),也可能没有表面漩滚(下游水深不太大时,出现跌坎自由面流);曲率显著的主流水股夹在底、表漩滚之间紊动扩散,尾部缓流水面的波浪较大,并延续较长距离;主流水股与漩滚间的紊动剪切面以及漩滚本身是消散动能的主要部位。

跌坎面流和戽斗面流消能的主要区别在于:跌坎位置较高,坎顶水平或只有小挑角,主流水股的曲率较小,横轴漩滚的强度较小,跌坎附近集中消能有限,下游波浪延伸较远;戽斗位置低而挑角大(常用 45°),有较大的斗内空间,出戽斗的高速水股形成明显涌浪,水股和涌浪的曲率都较大,表面横轴漩滚(特别是戽斗内漩滚)强度较大,消能率较高,下游也有波浪问题,但不如跌坎面流突出。

面流消能方式适用的条件较底流、挑流消能苛刻,主要有:下游尾水水深略大于水跃消能的第二共轭水深,且水位变幅不大;单宽流量可较大,但上下游水位差不大;下游较长距离内对波浪的限制不严;岸坡稳定性和抗冲能力较好;坝址附近河床覆盖层清除量或其他清渣量很少。将这些条件具体化,即丰水河流上、岩基、中水头低弗劳德数溢流坝且下游通航要求不高者,才可考虑用面流消能。水工设计中一旦选用面流消能,即可省去建造消力池的较多费用。我国早期建造的七里城、西津水电站都采用了坝下面流消能方式,但随后的运行表明,下游波浪问题较严重,当初设计估计不足[5]。较晚建造的石泉水电站溢流坝,经过多家的试验研究和较充分的论证,最后采用了45°挑角的单圆弧大戽斗面流消能,建成后运行情况还是相当好的。

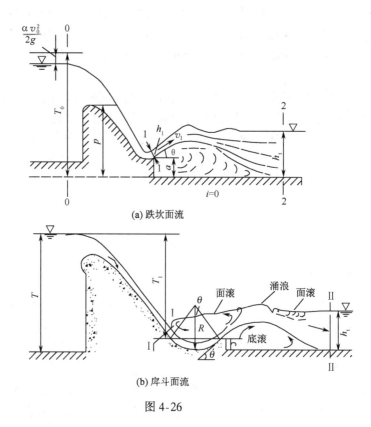

(a) 跌坎面流

(b) 戽斗面流

图 4-26

应当注意的是,跌坎面流还有一个独特的优点,即当其以无表面漩滚的自由面流流态运行时,有利于上游漂木过坝,也可排冰或排漂浮物。龚咀水电站溢流坝采用面流消能的重要原因就是便于汛期大量漂木集中过坝。

4.4.2 跌坎面流消能

1. 基本流态

急流通过垂直跌坎所形成的流态对下游水位的涨落非常敏感。如果给定跌坎的形式、尺寸和来流流量,则随着下游水位从低到高变化,跌坎面流可依次出现如下几种流态：

当下游水深 h_t（指与图 4-26 中坎高 a 位于同一参考水平面上的水深）很小时，坎顶射流受重力作用，水股弯曲向下跌落而与下游水流以底流形式衔接。

当下游水深 h_t 超出坎高 a 某一值时，即可形成自由面流，如图 4-27(a)所示，此时水面稍有隆起，而无漩滚，但在坎下有一底滚。通过主流水股与底滚的相互作用进行消能，其后则伴随着成串的波浪。

当 h_t 继续增大到某一值，将形成混合面流，如图 4-27(b)所示，这时出坎急流的表面隆起曲率加大，在局部隆起的下游表面有横轴漩滚，亦称表面后滚，而在主流与跌坎之间底滚则仍然存在，但其长度缩短。

当 h_t 再增加时，局部水面隆起的曲率继续增加，直至坎顶，水面出现横轴漩滚，亦称前滚，这就成为淹没混合面流，如图 4-27(c)所示。这时主流夹在前滚、底滚、后滚之间曲折扩散，具有"三滚一浪"的特色。

当 h_t 进一步增加，可导致后滚消失，主流夹在前滚与底滚间向下游扩散，这就是淹没面流，如图 4-27(d)所示，这时前滚较大，其下游表面只有成串波浪。

当 h_t 再增加到某一值时，坎顶前滚蜕化为坎顶下游的大漩滚，主流被迫重新

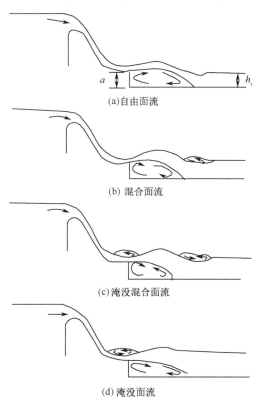

(a)自由面流

(b) 混合面流

(c)淹没混合面流

(d) 淹没面流

图 4-27　跌坎面流流态

贴底潜行(需经较长距离才上升到水面),坎下底滚尺度也变小,这就是潜流,或称淹没底流,亦称回复底流。从面流消能设计的角度来看,下游水位过低时的底流或水位过高时的回复底流都是不容许出现的流态。

一般来说,在下游水位下降过程中上述现象将从后往前出现,但在下游水位上升或下降过程中相应于同一流态出现的界限水深值并不相等。下游水位上升过程的界限水深称为上限水深,下游水位下降过程的界限水深则称为下限水深。为简化起见,水工设计中多以前者为基础取值。值得一提的是,图4-27是单宽流量和坎高都较大情况下典型而完整的面流流态序列,当流量较小时自由面流还可以不经过混合面流、淹没混合面流而直接随下游水深加大演变为淹没面流。此外,在坎高很小时甚至根本不出现面流流态,也即存在最小坎高 $a_{\min}$,如坎高 $a < a_{\min}$,则无论下游水位如何增加,水流都不会从底流流态演变为面流流态,即使出现淹没水跃后其表面水滚也一直保持着,并随着水深加大而一直淹向堰顶。

王正泉[17]经过研究,得到最小坎高 $a_{\min}$ 的估算式为

$$\frac{a_{\min}}{h_k} = 0.186\left(\frac{h_1}{h_k}\right)^{-1.75} \tag{4.4.1}$$

式中 h_1 为坎顶急流收缩水深,h_k 为坎顶上的临界水深。

2. 水力计算

水工中常用的跌坎面流流态是自由面流与混合面流,但为适应下游水深的变幅范围,有时还一直用到淹没面流流态。因此,需弄清以下三种界限水深:① 自由面流出现的最小下游水深 h_{t1};② 自由面流转变为混合面流的最小下游水深 h_{t2};③ 保持淹没面流流态而不致回复底流流态的最大下游水深 h_{t3}。对于给定的来流条件和初选的跌坎体形参数(坎高 a 和坎顶挑角 θ),水力计算的任务首先在于验算形成预期流态所需的下游水深是否与实际的下游水深相符。

考虑如图4-26(a)所示的二维自由面流,对上游断面0—0和坎顶出流断面1—1写能量方程,并对断面1—1和2—2(渐变流断面)间的水流(包括底滚)应用动量方程。由于在坎上水股是弯曲的,坎顶部位的压强一般不等于静水压强。以 h_0 表示坎顶测压管水头与静压水头之差,并设在该点以上断面1—1和下坎的铅直壁面上的压强均呈线性变化,则由能量方程和动量方程,得

$$T_0 - a = h_1\cos\theta + \frac{h_0}{2} + \frac{q^2}{2g\phi^2 h_1^2} \tag{4.4.2}$$

$$\frac{2aq^2}{gh_1 h_t}(h_1 - h_t\cos\theta) = (h_1\cos\theta + a)^2 + h_0(h_1\cos\theta + 2a) - h_t^2 \tag{4.4.3}$$

式中 ϕ 为过坝水流流速系数;α 为行近流速水头的动能修正系数;g 为重力加速度;h_t 为下游水深;h_1 为坎顶断面1—1的水股厚度;θ 为坎顶水股的出射角;T_0 为上游总水头;q 为单宽流量。

对于不同的面流衔接形式,坎上水股弯曲的情况不同,相应的 h_0 值也就不同,其关系目前虽然只能通过试验确定,但仍可将其表示为坎顶流速水头的函数,即

$$h_0 = \eta \frac{v_1^2}{2g} \tag{4.4.4}$$

根据试验成果,相应于式(4.4.4)中三种临界状态的 η 值分别为

$$\eta_1 = \frac{16 - \psi_a}{5Fr_1^2} - \frac{3.5}{Fr_1^{2.4}} \tag{4.4.5a}$$

$$\eta_2 = 0.4 \sqrt{\frac{\psi_a}{Fr_1^2}} \tag{4.4.5b}$$

$$\eta_3 = \frac{16}{Fr_1} \tag{4.4.5c}$$

式中

$$\psi_a = \frac{a}{h_1} \tag{4.4.6}$$

$$Fr_1 = \frac{v_1^2}{gh_1} \tag{4.4.7}$$

以上成果是在水平坎条件下得出的,对小挑角的跌坎同样适用。需要说明的是,面流衔接的形式对下游水流非常敏感,影响因素也比较复杂,因此对重要工程还需进行模型试验。

3. 跌坎体形

跌坎的体形参数包括坎高 a、挑角 θ、反弧半径 R 及坎长 L 等。对于挑角 θ,有关其对界限水深影响的研究成果表明,在来流条件、坎高及其他因素相同的情况下,界限水深 h_{t1} 等随 θ 的加大而有所加大,亦即较大的挑角需有较大的下游水深才能形成面流流态。但研究成果同时也表明,这种变化在 $\theta = 0° \sim 15°$ 时不十分显著,而在 $\theta = 15° \sim 25°$ 时其改变才较显著。跌坎做成较小仰角的好处是三种界限水深的总范围较水平坎顶也有所加大,亦即维持面流流态的稳定性加大了。有关研究成果表明[5],低溢流坝的挑角可取为 $\theta = 10° \sim 15°$。

由于跌坎面流主要用于中、低坝,故其对坎顶与坝坡相连接段的反弧半径 R 不如高坝挑流鼻坎或底流护坦所需 R 大。一般取 $R \geqslant 2.5h_1$ 即可,经验公式(4.4.8)也可供参考。

$$\frac{R}{P} = 4\left(\frac{h_1}{h_k} - 0.8\frac{a}{P}\right) \tag{4.4.8}$$

式中符号含义同前。

跌坎长度 L 指从反弧底到跌坎末端的水平距离。L 较大时,形成面流流态的下游水深也较大,从而 L 与维持面流的极限单宽流量 q_{max} 有关。图 4-28 给出了

$\dfrac{L}{P}$ 与 $\dfrac{q_{\max}}{P^{1.5}}$ 之间的关系,可供参考。

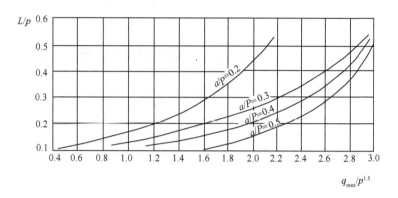

图 4-28

4.4.3 面流消能的下游局部冲刷与防冲措施

采用面流消能,由于主流在上层,坎下底滚又向坝址逆溯,从理论上来看,局部冲刷问题不会太严重,特别是对岩石河床,一般不需要为此采取专门的防护措施。不过要注意的是,伴随着不严重的局部冲坑,横轴底滚逆溯卷起的砂石可能要使跌坎或戽斗、戽池受到冲击磨损,当然还可能存在空蚀问题。由于差动式戽坎在这些方面的抵抗能力尤弱,因此在工程上很少采用。

与底流消能和挑流消能相比较,面流消能工最突出的冲刷问题是波浪导致的下游较长范围的岸坡冲刷问题,不过目前对岸坡冲刷的定量计算尚缺乏可资引用的研究成果,就是对河床的局部冲刷坑也只有在认为河床为散粒体组成的条件下通过水工模型试验所得到的经验估算式[18]。

采用跌坎面流消能,局部冲刷往往发生在主流扩散到河床时。长江科学院提出的适用于求软基及岩基的稳定冲坑最大水深 T 的估算公式为[5]

$$T = t + t_{s} = \psi k q^{0.5} Z^{0.25} (\text{m}) \tag{4.4.9}$$

式中 k 为冲刷系数,岩基 $k = 1.35$,软基 $k = 3.30$;ψ 为流态影响系数,对于界限水深 h_{t1}、h_{t2}、h_{t3} 的三种状态面流,岩基 $\psi = 0.48$、0.59、0.82,软基 $\psi = 0.70$、0.79、0.91;q 为单宽流量,单位为 $\text{m}^3/(\text{s·m})$;Z 为上下游水位差,单位为 m。

跌坎面流冲刷坑形态可粗略地视为梯形。对于自由面流,冲刷坑底离跌坎的水平距离 $L_1 = (2 \sim 4) T$,冲刷坑底宽 $L_2 = (0.9 \sim 1.2) T$;对于淹没面流,$L_1 = (2.0 \sim 2.5) T$,$L_2 = (0.9 \sim 1.1) T$。对于自由面流,梯形坑的上游冲刷坡 $i_1 = 1/3 \sim 1/6$,下游冲刷坡 $i_2 = 1/4 \sim 1/8$;对于淹没面流,$i_1 = 1/2 \sim 1/4.5$,$i_2 = 1/4 \sim 1/8$。

防冲措施有:采用面流消能情况下,在消能设施运行前应重视坎下可能存在的石块、碎石或砾石等物的清除,以免运行后底滚卷带而冲磨消能工。地质情况较差时,跌坎下可加做一段护坦。

为防止面流消能工下游两侧产生回流,常修建两侧导墙,墙顶高出下游尾水位。跌坎下游导墙长度可按下式估算

$$L' = \left(3.85 \frac{h_\mathrm{k}}{h_1} - 1.46\right)(h_\mathrm{t} - h_1) \tag{4.4.10}$$

式中 h_1 为坎顶急流水深;h_t 为尾水深,$h_\mathrm{k} = \left(\dfrac{q^2}{g}\right)^{1/3}$。

4.5 宽尾墩出流消能

4.5.1 宽尾墩出流消能原理

宽尾墩是指墩尾加宽成尾冀状的闸墩,如图 4-29 所示,它是我国首创的墩型。宽尾墩本身不独立工作,但一系列宽尾墩作为溢流坝闸墩而与底流或挑流或戽流消能工组成联合消能工运行后就会产生极佳的水力特性和消能效果。水流通过相邻宽尾墩分隔而成的闸室时,由于过水宽度沿程收缩,墩壁转折对急流的干扰交汇,形成冲击波和水翅,坝面水深增加 2~3 倍,有如一道窄而高的"水墙",其与空气的接触面积增加,掺气量也相应增大。水流跌入反弧段时,由于弧面影响,横向扩散加强,并与邻孔水流相互碰撞顶托而向上壅起,形成很高的水冠挑射出去。在

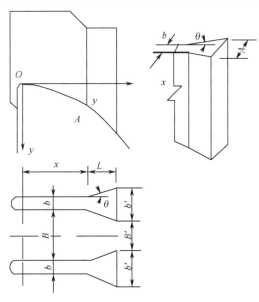

图 4-29 宽尾墩体型参数

宽尾墩作用下,包括水冠在内的挑流水股总厚度达到常规闸墩下挑射水股厚度的4~5倍,纵向扩散长度也增大,再加上大量掺气,使下游水垫单位面积入水动能减小,从而可减轻河床冲刷。宽尾墩附带的优点是坝面水流掺气抗蚀,而墩下部分无水区又可降低对不平整度的控制要求。目前我国已将这种消能工用于潘家口、安康、五强溪、岩滩等许多大中型工程中,均获得良好的消能效果。

4.5.2 宽尾墩的体型参数

宽尾墩的几何参数直接影响消能效果。对于直墙式宽尾墩(图 4-29),可用下列特征参数表示:

收缩比

$$\lambda = \frac{B'}{B} = 1 - \frac{b - b'}{B} \tag{4.5.1}$$

尾端折角

$$\theta = \arctan\left(\frac{b - b'}{2L}\right) \tag{4.5.2}$$

宽尾墩始折点位置参数

$$\xi_1 = \frac{x}{H_d} \qquad \xi_2 = \frac{y}{H_d} \tag{4.5.3}$$

式中 x 和 y 分别为从坝顶至下游相应点的水平和垂直距离。

1. 收缩比

收缩比对于坝面流态及消能冲刷影响极大,必须慎重选择。随着收缩比的变化,水流运动特性也将改变。收缩比减小时,水流的扩散、掺气、下游消能防冲效果都较好,但 λ 太小则影响泄流能力,并使闸室水位过高。试验成果表明:取 $\lambda = 0.4 \sim 0.7$ 是合理的。

2. 尾端折角

水舌出闸室后受到三个方面的作用,一是受到宽尾的侧向挑流作用,其使水舌在横向沿程收缩;二是在侧向压力梯度作用下,水流在横向沿程扩散;三是在重力作用下水流在铅直面内急剧扩散。在闸室出口后的某一段距离内,侧向挑流占主导地位,因此水流表现为在横断面上沿程收缩。当水流收缩到某一极限位置时,侧向压力梯度上升为主导地位,水流开始在横向扩散,在从收缩到扩散的转变中必定存在一个拐点,在该点,侧向挑流作用与侧向压力梯度作用平衡,这可以解释为什么当 λ 一定时,宽尾墩水舌的坝面扩散随着尾端折角而变化。

3. 始折点位置

除满足结构要求外,从急流控制角度来讲,始折点靠近上游可以减小急流冲击波的高度,增加水舌沿坝面纵向扩散的流程,但其太靠近上游则会影响溢流坝的泄流能力。

安康水电站的试验成果[19,20]表明:不影响过流能力的始折点应为 $\xi_1 > 0.85$ 和 $\xi_2 > 0.37$;或将定型水头 H_d 用最大水头 H_m 表示($H_d = kH_m$),则 $\dfrac{x}{H_m} > 0.85k$ 和 $\dfrac{y}{H_m} > 0.37k$。

要使急流在横向收缩、纵向拉开,可采用多种形式的宽尾墩。研究成果表明[19]:侧墙垂直型宽尾墩工程措施简单,效果显著,是最常用的形式;侧墙倾斜型宽尾墩可以适应各种流量变化,改善小流量时的扩散与掺气效果;贴角型宽尾墩闸室水面低,纵向扩散效果好,水冠小,是适应流量变化、节省工程量的最优体型,可用于大中型工程;带小挑坎型的宽尾墩可以增强水舌底部掺气效果,当薄拱坝下接消能塘时,对保护坝面,加强消能有显著作用;不对称型宽尾墩可以使水舌在平面上转向,当泄洪建筑物下游有弯道,或为了控制下游河道的流速流态时,工程措施简单可靠、效果好。

4.5.3 宽尾墩与挑流联合消能

1. 水流流态

由于墩尾加宽,闸室沿程收缩,水流在闸室内也随之逐渐壅高。水流在出闸室后在一定距离内仍保持该特性,使每一闸孔出流都在坝面上形成一道窄而高的水墙,而墩后则出现大块的无水区。同时,闸室内靠近闸墩尾部的水流受墩尾的顶托作用,使靠近表面部分向上壅起,水流流线与坝面流线之间存在较大夹角。水流出闸室后水面向内翻卷激起两道形似闭合蝉翼的水翅,沿墩尾挑流方向合拢。围成一个上端开口的空腔(见图 4-30)。

宽尾墩出流具有如下特点[21,22]:

(1)坝面水流三面接触空气,并有水翅、空腔等流态,水流与空气的接触面积大大增加,而且两个侧面的水流都是紊流,因而水流的掺气量亦随之增加,有利于坝面的防蚀。墩后大面积的无水区更可降低对施工平整度的要求。

(2)水冠是由相邻水股碰撞、顶托形成,而水股又在不断摆动,所以对水冠的扰动较大,使其掺气量更加增大。即使在模型中挑流水冠亦呈气、水混合的乳白色状态,可以推测在原型中其掺气量将更大。

(3)由于坝面水流掺气和水股互相碰撞等因素将使水流动能损失增加。同时由于挑射水流高、低相间,挑流水舌呈高而薄的雄鸡尾状,落点分散,空中消能率和水垫消能率都大幅度提高。

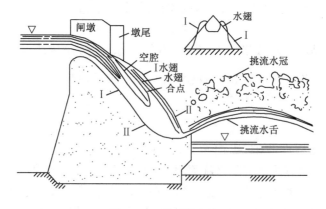

图 4-30　宽尾墩出流

2. 坝面时均压强分布与空蚀问题

图 4-31 给出了平尾墩与宽尾墩坝面时均压强分布的比较。对不同流量下坝面时均压强分布情况的研究成果[21]表明:采用宽尾墩后,坝面时均压强有所增加,但在坝顶下游及闸室出口处是低压区,而在反弧段底部时均压强值则较大。

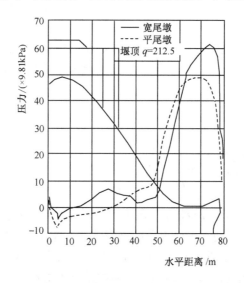

图 4-31　平尾墩与宽尾墩坝面时
均压强分布的比较

采用平尾墩时坝面最大时均压强产生于反弧段最低点,而采用宽尾墩时最大时均压强的出现位置则是水舌冲击点。随着流量的增加,水股变厚,冲击点下移,宽尾墩与平尾墩坝面时均压强的比值逐渐减小,其比值为 1.88~1.27。其原因在于大流量时冲击点下移而冲击压强的最大点与离心力的最大点分离,从而采用宽尾墩后将使坝面最大时均压强增加。在流量较小时虽然压强增加比例更大,但因其绝对值较小,不是设计控制条件。

宽尾墩可以造成大量掺气,对坝面防空蚀至为有利。采用宽尾墩后水流在坝面上的掺气浓度是相当高的,可兼起通气槽的作用,保护坝面。

4.6 其他类型的消能

4.6.1 自由跌落消能

双曲薄拱坝采用坝顶溢流并直接跌落到下游水垫是一种最简捷的泄洪消能布置。从水力学原理上来说,这种坝顶跌流消能与挑流消能是类同的,都靠射流在空中扩散掺气和在水垫中淹没扩散及紊动剪切消能,并以后者为主。但跌流的特点是水流在过坝时未经足够加速和未经带有仰角的鼻坎上挑出射,就以俯角向下自由跌落,因此其入水点距坝近,入水角大,如图 4-32 所示。这些特点决定了它只适用于坚硬岩基,且坝虽较高但单宽泄流量较小的情况,而且坝脚附近往往还要设钢筋混凝土护坦防冲,必要时还要保护两侧岸坡。护坦面以上应有足够的水垫深度,为此有时要在护坦下游加建二道坝壅水,以形成所需水垫。另外还要注意在跌流水舌下保持通气。

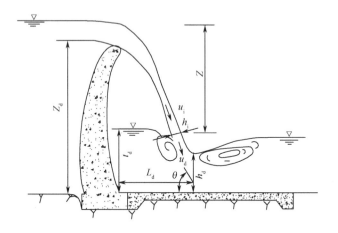

图 4-32 自由跌落消能

我国《拱坝设计规范》对于跌流消能初步设计的水力计算建议采用经验公式,并最终要通过水工模型试验验证。对如图 4-32 所示的自由跌流,其射距的估算公式为

$$L_d = 2.3 q^{0.54} Z_d^{0.19} \qquad (4.6.1)$$

式中 L_d 为从溢流堰顶至水流跌到河床面(或护坦面)处的水平距离,单位为 m;q 为溢流堰出口的单宽流量,单位为 $m^3/(s\cdot m)$;Z_d 为堰顶至河床面(或护坦面)的高差,单位为 m。

护坦上跌流水舌内侧所需水垫深度为

$$t_d = 0.6q^{0.44}Z_d^{0.34} \tag{4.6.2}$$

式中 t_d 为水垫深度,单位为 m;Z_d 含义同前。

跌流水舌对护坦面的冲击流速 u_d 应区分两种情况进行估算,当水舌落点上、下游存在水位差时

$$u_d = 4.88q^{0.15}Z_d^{0.275} \tag{4.6.3}$$

式中 u_d 为冲击流速(m/s);q、Z_d 含义同前。

当水舌落点上、下游无明显水位差时,需由下列三式联合求解

$$u_d = \frac{2.5u_i}{\sqrt{\dfrac{t_d}{h_i\sin\theta}}} \tag{4.6.4}$$

$$u_i = \sqrt{2gZ} \tag{4.6.5}$$

$$\theta = \arccos\left(\frac{2u_d}{u_i} - 1\right) \tag{4.6.6}$$

式中

$$h_i = \frac{q}{u_i} \tag{4.6.7}$$

h_i 为水舌跌落至下游水面处的厚度,单位为 m;θ 为水舌入水角;u_i 为水舌跌落至下游水面时的平均流速,单位为 m/s;Z 为上、下游水位差,m;其余符号同前。

跌流护坦上的动水压强可按下式计算

$$p_d = \frac{\gamma(u_d\sin\theta)^2}{2g} \tag{4.6.8}$$

式中 p_d 为动水压强,单位为 kN/m^2;γ 为水的重率,单位为 kN/m^3。

如拱坝跌流下游不设护坦,这时将可能有冲坑出现。冲坑最大深度的估算可参照挑流冲刷进行。

4.6.2 水股空中碰撞消能

两股水流在空中对冲撞击,从而消耗掉大部分动能的方式称空中碰撞消能。水利水电工程中通常采用的碰撞消能有两种基本形式,即左右两侧碰撞消能与上下两侧碰撞消能,其特点是迫使两股水流在空中对冲撞击,使其尽可能地碎裂成众多水团(滴),并掺入大量空气,从而提高消能效率。对于碰撞消能的机理,已进行了许多工作。试验成果表明,两股水舌碰撞后,水流分散、碎裂成众多细小的水股或水团,并以原来各水股的运动轨迹为外边界呈扇形下落,且掺入大量空气。碎裂

后的水股落入下游水垫后,流速迅速衰减,因而作用于底板的动水压强相应减小。我国在凤滩水电站曾进行过水舌空中碰撞消能的原型观测工作[23],原型观测所得到的水舌轨迹与计算值基本一致。国外也有人曾专门研究了这种消能工的水力特性和消能特性。国内孙思慧[24]等也对这种消能工的水力特性进行过研究,我们[25]也曾综合考虑掺气(包括碰撞段的掺气)与碰撞段水舌外缘空气阻力等因素的影响,对碰撞段的水流流动特性进行过如下探讨。

一般来说,两股射流相互碰撞后,将形成一股合成的汇合流动。最初射流尺寸有压扁现象,待两股互碰射流汇合后,总射流又以一定的扩张角继续运动。就平面二维问题来看,上下两侧碰撞消能与左右两侧碰撞消能的碰撞段均可采用相同的模式,其控制方程为

(1)水量平衡方程

$$\int_{-\infty}^{+\infty} u\beta \mathrm{d}y = \int_{-\infty}^{+\infty} u_1\beta_1 \mathrm{d}y_1 + \int_{-\infty}^{+\infty} u_2\beta_2 \mathrm{d}y_2 \tag{4.6.9}$$

(2)碰撞前后水气两相流的连续方程

$$\int_{-H}^{+H} \rho u \mathrm{d}y = \int_{-H_1}^{+H_1} \rho_1 u_1 \mathrm{d}y_1 + \int_{-H_2}^{+H_2} \rho_2 u_2 \mathrm{d}y_2 + \rho_a q_a \tag{4.6.10}$$

式中 q_a 为碰撞段水舌单宽掺气量,H_1、H_2 与 H 分别为碰撞前、后水舌的半宽,ρ_1、ρ_2 与 ρ 分别为碰撞前、后水气两相流的密度,且有

$$\rho_1 = \rho\beta_1 + \rho_a(1 - \beta_1) \tag{4.6.11}$$

$$\rho_2 = \rho\beta_2 + \rho_a(1 - \beta_2) \tag{4.6.12}$$

$$\rho = \rho\beta + \rho_a(1 - \beta) \tag{4.6.13}$$

(3)动量方程

$$\int_{-H}^{+H} \rho u^2 \cos\theta \mathrm{d}y = \int_{-H_1}^{+H_1} \rho_1 u_1^2 \cos\theta_1 \mathrm{d}y_1 + \int_{-H_2}^{+H_2} \rho_2 u_2^2 \cos\theta_2 \mathrm{d}y_2 + f_x'$$

$$\int_{-H}^{+H} \rho u^2 \sin\theta \mathrm{d}y = \int_{-H_1}^{+H_1} \rho_1 u_1^2 \sin\theta_1 \mathrm{d}y_1 + \int_{-H_2}^{+H_2} \rho_2 u_2^2 \sin\theta_2 \mathrm{d}y_2 + f_y' \tag{4.6.14}$$

式中 f_x' 与 f_y' 分别表示碰撞段单位宽度上的空气阻力在 x 与 y 方向的分量。碰撞前单位时间单位宽度水舌的动能为

$$E_0 = \int_{-H_1}^{+H_1} \frac{1}{2}\rho_1 u_1^3 \mathrm{d}y_1 + \int_{-H_2}^{+H_2} \frac{1}{2}\rho_2 u_2^3 \mathrm{d}y_2 \tag{4.6.15}$$

碰撞后单位时间单位宽度水舌的动能为

$$E = \int_{-H}^{+H} \frac{1}{2}\rho u^3 \mathrm{d}y \tag{4.6.16}$$

定义两股水舌碰撞消能的消能效率为

$$\eta = \frac{E_0 - E}{E_0} \tag{4.6.17}$$

考虑到碰撞段的流动机理甚为复杂,暂不计式(4.6.10)与式(4.6.14)中 q_a 及 f_x' 与 f_y' 的作用,并认为碰撞前、后的时均流速分布与含水浓度分布可用式(3.3.18)与式(3.3.19)来描述,也即认为其同样满足自相似条件,如碰撞前、后水舌的特征量满足

$$u_{m1} = u_{m2} \tag{4.6.18}$$

$$\theta_1 = \theta_2 \tag{4.6.19}$$

$$H_1 = H_2 \tag{4.6.20}$$

则碰撞后,有

$$\beta_m = 0.5(\beta_{m1} + \beta_{m2}) \tag{4.6.21}$$

$$\theta = \arctan\left(\tan\theta_1 \frac{\beta_{m1} - \beta_{m2}}{\beta_{m1} + \beta_{m2}}\right) \tag{4.6.22}$$

$$u_m = u_{m1} \frac{\cos\theta_1}{\cos\theta} \tag{4.6.23}$$

$$H = 2H_1 \frac{\cos\theta_1}{\cos\theta} \tag{4.6.24}$$

而水舌单位时间单位宽度的碰撞消能效率则为

$$\eta = 1 - \cos^2\theta_1 \left[1 + \tan^2\theta_1 \left(\frac{\beta_{m1} - \beta_{m2}}{\beta_{m1} + \beta_{m2}}\right)^2\right] \tag{4.6.25}$$

4.6.3 孔板消能

高水头大流量水利枢纽(尤其是土石坝水利枢纽)多设有河岸泄洪隧洞,特别是利用导流隧洞改建的永久性有压泄洪洞,由于洞身高度低,洞内水头大,流速高,一般应在洞身靠上游段设置消能工,以减免其后洞身的空蚀、冲蚀和磨蚀破坏。洞内消能可采用多种形式,孔板消能即为其一。有关孔板消能机理的研究可追溯到波达(Borda)和普朗特(Prandtl L.)对突扩和孔板水头损失的计算以及 Rouse H. 和 Ball W. 等人对突扩式压力消能的试验及乔尼斯维里对压力消能工的研究。我国也对孔板体型、孔板消能的水力特性与结构振动等一系列问题进行了较为全面地研究,并在碧口水电站排沙洞上进行了原型试验。下面对这种消能工的消能原理与水力特性作一简要介绍[26~29]。

1. 孔板的体型及参数

图 4-33 是孔板消能工示意图。由图 4-33 可知,描述孔板的主要参数有:孔径比 $\zeta = \frac{d}{D}$,即孔口直径 d 与隧洞直径 D 之比;厚径比 $r = \frac{t}{D}$,即孔板厚度 t 与隧洞

直径之比;距径比 $\dfrac{L}{D}$,即孔板间距与隧洞直径之比;孔板内缘角 α 及洞内来流的方向等。

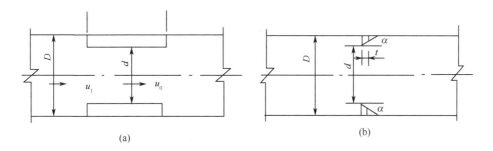

图 4-33　孔板消能体型参数

2. 消能特性

孔板的布置形式及过孔板的水流现象如图 4-34 所示。高速水流经过孔口突然收缩,紧接着因隧洞截面的突然扩大,水流便在洞内形成这样一种流态,其约在孔板后 $0.4D$ 左右形成最小收缩断面,随后受压缩的水股便逐渐扩展到整个隧洞断面,在孔板附近的水股周围则形成强烈回流。孔板就是利用主流与回流间的强烈紊动来消杀能量的。由于总能量的消散不一定能在一级消能室内完成,于是便采用多级孔板,使水流经过多次收缩与扩散,从而消杀能量,降低流速。

孔板形成的局部水头损失 ΔH 主要是水流经过孔板后突然扩大的损失。如图 4-34 所示,由孔板后水流收缩断面 II 与水流恢复断面 III 之间的能量方程可推导出计算水头损失的波达-卡尔诺公式

$$\Delta H_1 = \frac{(u_{\mathrm{II}} - u_{\mathrm{III}})^2}{2g} \tag{4.6.26}$$

式(4.6.26)中 u_{II} 为最小收缩断面的平均流速,$u_{\mathrm{II}} = \dfrac{u_0}{c}$,$u_0$ 为通过孔口的断面平均流速,c 是收缩系数,通常取为 $0.6\sim0.7$。u_{III} 为洞内水流平均流速。

通常取孔板上游与下游水流恢复断面之间的压力差 ΔP 来表示水头损失,即

$$\Delta H_2 = \frac{P_{\mathrm{u}} - P_{\mathrm{d}}}{\gamma} \tag{4.6.27}$$

式中 P_{u} 及 P_{d} 分别取值在孔板上、下游水流压力及流速恢复正常、分布均匀、不再受孔板影响的位置上。只有这样,上、下游压差才真正代表因孔板消散或损失的水头。

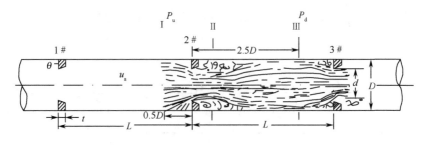

图 4-34　孔板消能水流现象

3. 水流的脉动及其影响

有关孔板下游不同部位紊动流速的实验成果表明:孔板消能室边壁附近的水流紊流强度最高可达均匀圆管边壁附近紊动强度的 7 倍,其位置在回流区末端;即使在紊动减弱后的 $\frac{x}{D}=2.8$ 断面上,边壁附近的水流紊动强度也为均匀圆管边壁附近相应值的 4 倍以上。

碧口水电站排沙洞的原型观测表明,由水流脉动压力引起的振动相当微弱,无论从动应力还是从振动加速度的数值来看,都不致造成振动破坏。

4.6.4　台阶消能

台阶式溢洪道是随碾压混凝土坝施工技术的发展而发展起来的一种消能设施[3]。美国已有几项工程采用了这种技术,如 Mcclure 坝高 42m,下游坡度 2.5:1,台阶高度 0.3m。USD 坝为高 88m 的直线形重力坝,于 1987 年 8 月完成,该坝堰下游面也设计成台阶形,其中外部的台阶取较小的高度(0.3m),下部台阶高度为 0.61m,以获得所要求的溢流水舌形状并防止水舌碰撞台阶和自阶面上反弹。此外,还将溢洪道进口的拐角设计成椭圆形以减小水流分离和水舌下边线的掺气。M'Bali 坝高 26.5m,设计水头 3.45m,在距坝底 23m 高范围内,台阶高 0.8m,坡度为 0.8:1。

1. 台阶式溢洪道的水流流态

台阶式溢洪道和多级跌水流动的区别如图 4-35 所示,跌水的水舌下缘与大气相通并具有自由面,而台阶式溢洪道底部的水流运动则由众多漩涡所构成。

水流跌落到台阶表面的最终结果是增加了能量损失,同时也排除了空蚀的可能性。从理论上来看,台阶式溢洪道只宜在低溢流水头或小单宽流量下运行,以使台阶能充分影响到整个水舌的厚度,此时台阶上的水流运动可以视为均匀流。

如水深与台阶高度之比适当,水舌因碰击台阶而使流速减小并形成全水深的掺气。随着水深的增加,台阶的影响将逐渐减小,接近台阶的水流紊动较强烈,而在边界层到达水面形成水面掺气之前则存在一个密实的水带,在这种情况下,水舌的流速减小不多,而能量的耗散也就较小。

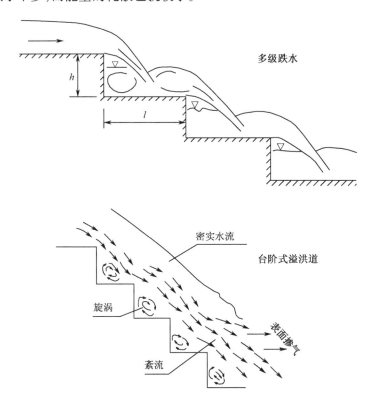

图 4-35　多级跌水与台阶式溢洪道上水流运动的比较

2. 消能效果

Rajaratnam[30]分析了台阶式溢洪道上水流的运动特性,其将台阶式溢洪道趾部的能量表示为

$$E = \left(\frac{C_f q^2}{2g\sin\alpha}\right)^{1/3} + \left(\frac{q\sin\alpha}{C_f\sqrt{2g}}\right)^{2/3} \qquad (4.6.28)$$

而将光滑溢流面趾部的能量则表示为

$$E' = \left(\frac{C_f' q^2}{2g\sin\alpha}\right)^{1/3} + \left(\frac{q\sin\alpha}{C_f'\sqrt{2g}}\right)^{2/3} \qquad (4.6.29)$$

式(4.6.28)与式(4.6.29)相减,即可得到能量损失为

$$\Delta E = E' - E \qquad (4.6.30)$$

研究成果表明:相对能量损失可表示为

$$\frac{\Delta E}{E} = \left[(1 - A) + 0.5Fr'_0 \frac{A^2 - 1}{A^2} \right] \left(1 + \frac{Fr'_0}{2} \right) \qquad (4.6.31)$$

式中 $A = \left(\dfrac{C_f}{C'_f} \right)^{1/3}$，$Fr'_0$ 表示光滑溢流面坝址处的弗劳德数。根据实验，$C_f = 0.18$，$C'_f = 0.0065$，得 $A \approx 3$。当 Fr'_0 较大时，则有

$$\frac{\Delta E}{E} \approx \frac{A^2 - 1}{A_2} \qquad (4.6.32)$$

因而进一步有

$$\frac{\Delta E}{E} \approx \frac{8}{9} \qquad (4.6.33)$$

Kathleel 和 Alan[31]建议，将消能率用下式表示

$$\eta = \frac{U_t^2 - U_s^2}{U_t^2} \qquad (4.6.34)$$

式(4.6.34)中 U_t 为光滑溢洪道末端实测水流流速，U_s 为台阶式溢洪道末端实测水流流速。

图 4-36 是几个工程采用台阶式消能的消能率和单宽流量之间的关系，由图可知，对于小单宽流量和小水深时采用台阶式消能效果良好，其消能率的变化范围为 70%～97%；但当水深和单宽流量增加时，消能率则降低到 60%～85%。

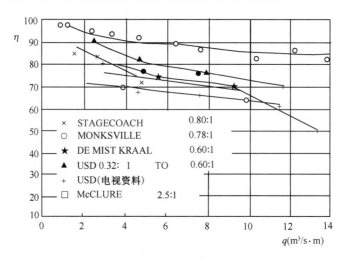

图 4-36　台阶消能的消能率随单宽流量的变化

最后需要说明的是，台阶式溢洪道可以和碾压混凝土坝相结合，以加快施工进度，但用以作为设计依据的台阶高度、水深与单宽流量之间的关系则仍需进一步研究。此外，将宽尾墩，坝顶分流齿坎，或大型分流墩与台阶式溢洪道相结合以解决掺气减蚀问题也不失为一种有效方法。

参 考 文 献

1　郭子中. 消能防冲原理与水力设计. 北京:科学出版社,1982

2　武汉水利电力学院水力学教研室编. 水力学. 北京:人民教育出版社,1975

3　李建中,宁利中. 高速水力学. 西安:西北工业大学出版社,1994

4　王世夏. 水工设计的理论和方法. 北京:中国水利水电出版社,2000

5　水利电力部水利水电规划设计院. 水工设计手册 6. 泄水与过坝建筑物.北京:水利电力出版社,1982

6　中国电力企业联合会标准化部. 电力工业标准汇编(水电卷).水工. 北京:水利电力出版社,1995

7　长江科学院等. 泄水建筑物下游消能防冲问题,1980

8　高季章. 窄缝式消能工的消能特性和体型研究. 水利水电科学研究院科学研究论文集. 第 13 集,1983

9　梁在潮. 溢流紊流边界层. 武汉水利电力学院学报,1979(2)

10　刘士和等. 柘溪水电站溢流坝闸后水流水力特性及减免空蚀措施研究. 武汉水利电力大学研究报告,1997

11　西北水科所等. 碧口水电站溢洪道原型观测研究报告,1979

12　Liu Shihe,Qu Bo. Numerical simulation of aerated jet. XXIX IAHR Congress Proceedings, Theme D, 2001, II

13　董志勇. 冲击射流. 北京:海洋出版社,1997

14　谢省宗等. 拉西瓦拱坝坝身泄洪及水舌冲击水垫塘引起的坝身振动研究. 中国水利水电科学研究院研究报告,1994

15　Rajaratnam N. Hydraulic jumps. Advances in Hydro-sciences, 1967,4

16　柯沙柯娃. 在大坡度河槽中的水跃. 高速水流论文译丛. 第一集第二册. 北京:科学出版社,1958

17　王正泉. 溢流坝面流式鼻坎衔接流态的水力计算. 泄水建筑物消能防冲论文集. 北京:水利出版社,1980

18　施振兴. 标准型消能戽局部冲刷的试验研究. 水利学报,1988(12)

19　刘永川等. 宽尾墩在安康水电站溢流坝上的应用. 杨凌:西北水科所,1983

20　谢省宗. 安康水电站宽尾墩—表孔—底孔—消力池联合消能工的试验研究. 高速水流,1986(1)

21　刘树坤. 宽尾墩挑流式消能工若干特性的研究. 水利水电科学研究论文集. 第 13 集,1983

22　肖兴斌. 宽尾墩在高坝消能中的研究应用与新发展综述. 水电工程研究,2001(2)

23　水利电力部中南勘测设计院科研所.凤滩拱坝高低坎挑流原型观测报告.长沙:中南勘测设计研究院,1983

24　孙思慧. 拱坝泄水挑流消能两种新型式设计方法探讨. 泄水建筑物消能防冲论文集,北京:水利出版社,1980

25　刘士和,陆晶,周才龙. 窄缝消能雾化水流研究. 水动力学研究与进展,Ser. A,2002,17(2)

26　哈唤文. 孔板式压力消能工的水力计算. 高速水流,1987(3)

27　Chaturvedi M C. Flow characteristics of axis symmetric expansions. Proceedings, ASCM, HY3, May, 1963

28　詹克祥等. 有压洞消能孔板体型及布置的试验研究. 高速水流,1987(2)

29　赵慧琴. 多级孔板消能研究. 高速水流,1987(2)

30　Rajaratnam N. Skimming flow in stepped spillways. Journal of Hydraulic Engineering, 1990,116(4)

31　Kathleen L H, Alan T R. Energy dissipation characteristics of a stepped spillway for an RCC dam. Proceedings of International Symposium of Hydraulics for High Dams,1988

第5章 空化空蚀

5.1 概　　述

5.1.1 有关空化空蚀的概念

当液体在恒压下加热,或在恒温下用静力或动力方法减压,到一定的时候就会有蒸气气泡或充满气体与蒸气的空泡出现并发育生长。液体在恒压下加热而在其内部形成汽相的物理现象称为沸腾,液体在温度基本不变的条件下由压力下降形成汽相的过程称为空化。液体流经的局部区域,若其压强低于某一临界值,液体也会发生空化。在低压区空化的水流挟带着大量的空泡形成两相流,而在水流流经下游压强较高的区域时,空泡又将溃灭,因此空化现象包括空泡的发生、发育和溃灭,其为一非恒定过程。空泡溃灭的过程中将会产生极大的压强,其值可高达几千个大气压。当空泡的溃灭出现在紧靠边壁或距边壁某一距离范围内,固体边壁将受到持续不断地冲击作用,造成材料的断裂或疲劳破坏而发生剥蚀,这种现象叫空蚀。剥蚀掉的材料颗粒或碎屑被水流冲走以后,固壁表面将形成凹坑。对于混凝土与岩石构成的固壁,随着空蚀坑深度的增加,水流将对材料产生直接的动力作用,使其受到进一步的破坏,从而直接影响到建筑物的寿命,甚至造成整个建筑物破坏[1~4]。

空蚀问题的研究首先是从造船行业开始的,然后又扩展到水力机械行业,1935年在巴拿马麦登坝输水道进口发生严重空蚀以后,美国陆军工程兵团才开始着手研究空化现象。直到现在,船舶、水力机械及水利工程中空化空蚀问题的研究始终占有重要地位。

空蚀能够使各种固体受到损害。所有金属,不论是软的或硬的,脆性的还是具有延性的,在化学上是活性的还是惰性的,都有遭受过空蚀破坏的实例。橡皮、塑料、玻璃及其他非金属材料也同样容易遭受空蚀破坏。目前的空蚀现象不仅出现在螺旋桨、水力机械及水工建筑物上,而且出现在闸门、管道、油泵和蒸气透平等设备上,甚至在国防工业的鱼雷、潜艇等深水中运动的物体上也存在空蚀现象。

空蚀问题的研究是流体力学中的一个重要课题,现已深入到了解空化的初生、发育、成长和溃灭的过程,深入到对溃灭时冲击力的计算以及材料的破坏机理等问题的探讨中,其研究涉及面有:水利水电工程中的泄水建筑物;舰船工程中的螺旋桨与船体;机电工程中的水轮机与水泵;航天工程中的导弹与火箭;水下兵器中的鱼雷和水下发射体以及核工程;石油工程与冶金工程等一切与液体高速运动有关的工程,都存在空化与空蚀问题。不同专业的研究成果相互借鉴,促进了空化空蚀研究的发展。

5.1.2 泄水建筑物空蚀实例

国内外水利水电工程中的泄水建筑物因受空蚀而损坏的例子很多,有许多专著或论文专门叙述并收集了大量实例。国内比较典型的空蚀破坏实例有:丰满水电站溢流坝面的空蚀破坏[4];刘家峡水电站泄水道门槽及其主轨的空蚀破坏[4];陆水蒲圻水利枢纽与盐锅峡水电站消能设施的空蚀破坏[4]及柘溪水电站溢流坝挑流鼻坎的空蚀破坏[4]。文献[1]通过对遭受空蚀破坏的几个泄洪洞典型实例的分析表明,泄洪洞发生空蚀破坏具有如下特点:

(1) 水头高。从 94~155m 之间;

(2) 流速大。从 38~49m/s 之间;

(3) 发生空蚀时的实际泄流量大多没有达到设计流量;

(4) 水流空化数很低,均小于 0.15;

(5) 破坏范围大,破坏区长度在 27~50 m 之间,深度 2~14m 之间。

其中,美国的波尔德坝右岸泄洪洞是早期遭到严重空蚀破坏的著名例子,后来,美国的黄尾坝及我国的刘家峡水电站右岸泄洪洞在反弧段下端也遭到了类似的空蚀破坏[4]。

造成泄水建筑物空蚀破坏的原因是多方面的,有设计方面的原因,也有施工方面的原因,甚至还有运行管理方面的原因。因此,要减免与防止空蚀破坏,在设计、施工和管理等多个环节应共同努力。

5.1.3 空化的分类

空化的初生与发展既与液体的条件(如液体中固体或气体介质的含量等)有关,也与空化区的压力场有关。对空化现象进行分类,既可依据空化发生的环境,也可依据空化的主要物理特性,美国的 Knapp 等人综合此两种分类方法将空化分为以下四种类型:

1．游移空化

游移空化是一种由单个瞬态空泡形成的空化现象。这种空泡在液体中形成后,随液流运动并形成若干次膨胀、收缩的过程,最后溃灭消失。游移空化常发生于壁面曲率很小,且未发生水流分离的边壁附近的低压区,也可出现在移动的旋涡核心和紊动剪切层中的高紊动区域。

2．固定空化

固定空化是初生空化后而形成的一种状态。当水流从绕流体或过流固体壁面脱流后,形成附着在边界上的空腔或空穴。肉眼看到的空腔或空穴相对于边壁而言似乎是固定的,因此称为固定空化。又由于其产生于水流分离区,因此也称为分离空化。

实际上,高速摄影资料表明:固定空化并不是完全"固定"不变的,其在与水流接触面的液体中包含许多游移空泡,有时还呈现出强烈紊动的状态,甚至在某种情况下还会观察到空腔全部或部分的脱落。

固定空化的空腔长度与液体内压强场的分布有关,且随着压强降低,空腔长度增大。如果空腔增长至主流末端完全脱离边壁(或绕流体)的状态,则称为超空化。通常超空化的空泡在远离边壁的液体中溃灭,因此只造成水流能量损失,而不会造成边壁表面的空蚀破坏。

在水工泄水建筑物中,常因施工表面不平整以及体形不良而产生固定空化,造成严重的空蚀。

3. 漩涡空化

在液体漩涡中,涡中心压强最低,如该压强低于其临界压强,就会形成漩涡空化。与游移空化相比,漩涡空穴的寿命可能更长,因为漩涡一旦形成,即使液体运动到压强较高的区域,其角动量也会延长空穴的寿命。漩涡空化最早发现于螺旋桨叶梢附近(即梢涡空化)。水工建筑物的平板闸门槽、消力池中的趾坝以及消力墩下游都有可能出现漩涡空化。漩涡空化可能是固定的,也可能是游移的,尾流中的漩涡空化是不稳定的和多变的。

4. 振荡空化

振荡空化是一种无主流空化,其特点是一般发生在不流动的液体中。在这种空化中,造成空穴生长或溃灭的作用力是液体所受的一系列连续的高频压强脉动。这种高频压强脉动既可由潜没在液体中的物体表面振动(如磁致振荡仪)形成,也可由专门设计的传感器来实现,但高频压强脉动的幅值必须足够大,以至于局部液体中的压强低于临界压强,否则不会形成空化。

振荡空化与前述三种空化的根本区别在于:前述三种空化中,一个液体单元仅通过空化区一次;而在振荡空化中,虽然有时也伴有连续的流动,但其流速非常低,以至于给定的液体单元经受了多次空化循环。

5.1.4 空化的影响

空化现象所造成的影响主要有:

(1) 造成建筑物表面的空蚀破坏。

(2) 改变液体的动力学特性。空化对液体动力学特性的影响起源于空穴形成后液相的连续性被破坏,使得液体运动表现为两相流,从而使液体和其固体边界之间的相互作用发生变化。空化的出现会导致液体运动阻力的变化。除漩涡空化外,在多数情况下空化的出现会导致水流运动总阻力的增加。但是,在空化发展的早期也可能使阻力有显著的减少。

(3) 引起结构物振动。由于空化过程中可能包含强烈的脉动力,加上空化本身的随机性,因此有可能引起结构物振动。

(4) 产生噪声。虽然在整个空化过程中均有噪声产生,但其中相当大的噪声是由空穴的溃灭产生的。空化噪声的存在,使人们有可能用声学的方法探测到空化的发生。

"空化"虽然可能造成上述危害,但只要对其加以控制和利用,还是可以为人们服务的。例如,空化可用于混合牛奶和工业清洗,利用超声空化可以清洗坏牙。此外,利用空化发出的噪声还可以作为回声探测仪的声源等。

5.2 空泡动力学基础

如前所述,空化是水流在常温下当局部压强降低到临界值以下水体内部剧烈产生气泡的现象。而空蚀则是在发生空化的条件消失(外部压强升高)后,因壁面附近的空泡破裂与溃灭所导致的材料损坏与剥蚀的现象,也即,空蚀是空化的后果。要深入了解空蚀,首先就必须深入了解空化过程中空泡的形成与发展。

5.2.1 气核形成理论

经过特殊处理的纯水可以承受很大的拉应力,而自然界中的水所能承受的拉应力却是很小的,其原因在于水中存在很多含有气体或蒸气的小气泡及固体微粒等异相介质,因而大大降低了水的抗拉强度,导致水体很容易被拉断而出现空化现象。水体中所含的小气泡称为气核或空化核,气核的存在是形成空化的基础。

水体中所含的气核可分为表面气核与流动气核两种。流动气核随水流一起运动,其尺寸一般很小,通常其直径大约为 $10^{-5} \sim 10^{-3}$cm,人的肉眼一般看不见。流动气核在水中的分布也不均匀,常用分布曲线(核谱)来表示其分布特性。尺寸较大的气核在浮力的作用下将浮向水面而消失,而尺寸较小的气核内部则承受很大的压强,以至于其内的气体因受压而被周围的水体所吸收。将流动气核视为水体中的一个球形气泡(图5-1),其平衡关系式为

$$p = p_g + p_v - \frac{2\sigma}{R} \qquad (5.2.1)$$

式中 p_g 为气泡内的气体压强,p_v 为气泡内的蒸气压强,p 为水体内的压强,σ 为表面张力系数,R 为气泡半径。流动气核开始膨胀的条件为

$$p < p_g + p_v - \frac{2\sigma}{R} \qquad (5.2.2)$$

表面气核是水中固体颗粒或绕流物体表面缝隙中未被溶解的一些气体,而这

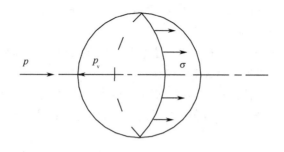

图 5-1　流动气核

些固体表面是疏水性的,使得在缝隙中的气体形成一个凹面的自由表面。如图5-2所示,设缝隙为锥形,其夹角为 2α,凹形自由表面的接触角为 θ_e,对疏水性固体表面,$\theta_e > \dfrac{\pi}{2} + \alpha$,因此表面张力将阻止自由表面进入缝隙,在表面气核平衡时应存在如下关系

$$p = p_g + p_v + \frac{2\sigma}{R} \tag{5.2.3}$$

式中 R 为自由表面的曲率半径,表面气核逸出的条件为

$$p < p_g + p_v + \frac{2\sigma}{R} \tag{5.2.4}$$

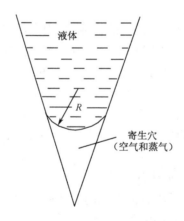

图 5-2　表面气核

5.2.2　空泡的发育

考虑无限不可压缩液体中半径为 R 的单个球形空泡的运动,设想空泡在压缩与膨胀的全过程中均保持球形,并认为周围的水流运动是无旋的,也即存在势函数 φ。球坐标系中不可压缩液体的连续方程为

$$r \frac{\partial^2 \varphi}{\partial r^2} + 2 \frac{\partial \varphi}{\partial r} = 0 \tag{5.2.5}$$

式中 r 为水体中某点至泡中心的距离。由于空泡周围的水体运动为球对称,故其流速 u_r 为

$$u_r = \frac{\mathrm{d}\varphi}{\mathrm{d}r} \tag{5.2.6}$$

利用式(5.2.6)可将式(5.2.5)变为

$$\frac{1}{r} \frac{\partial}{\partial r}(r^2 u_r) = 0 \tag{5.2.7}$$

式(5.2.7)之解为

$$u_r = \frac{C}{r^2} \tag{5.2.8}$$

当 $r = R$ 时,也即在空泡的边界上,水体运动的速度应等于空泡壁膨胀或压缩的速度 $\dot{R}\left(= \dfrac{\mathrm{d}R}{\mathrm{d}t}\right)$,由此可确定常数 C,并进而求得水体中任一点的速度为

$$u_r = \frac{R^2 \dot{R}}{r^2} \tag{5.2.9}$$

而相应的速度势函数则为

$$\varphi = - \frac{R^2 \dot{R}}{r} \tag{5.2.10}$$

如不计质量力的作用,由势流中拉格朗日形式的能量方程有

$$\frac{\partial \varphi}{\partial t} + \frac{p}{\rho} + \frac{1}{2}\left(\frac{\partial \varphi}{\partial r}\right)^2 = F(t) \tag{5.2.11}$$

将式(5.2.10)代入式(5.2.11),得到水体中任一点的压强 p 为

$$\frac{p}{\rho} = F(t) - \frac{1}{2} \frac{R^4 \dot{R}^2}{r^4} + \frac{R^2 \ddot{R} + 2R\dot{R}^2}{r} \tag{5.2.12}$$

如以 p_R 表示空泡边界的压强,并以 p_∞ 表示距泡中心无穷远处的压强(外压强),则得

$$R\ddot{R} + \frac{3}{2}\dot{R}^2 = \frac{p_R - p_\infty}{\rho} \tag{5.2.13}$$

式(5.2.13)即为非定常无旋流场中球泡运动的控制方程。对流动气核形成的空泡,由式(5.2.1)有

$$p_R = p_g + p_v - \frac{2\sigma}{R} \tag{5.2.14}$$

空泡内气体的压强随空泡半径 R 的变化而变化,若 R 的变化过程很慢,可视为理想气体的等温过程,也即

$$p'_g = p_{g0} \frac{R_0^3}{R^3} \tag{5.2.15}$$

由此可得

$$\rho\left(R\ddot{R} + \frac{3}{2}\dot{R}^2\right) = p_v - p_\infty + p_{g0}\frac{R_0^3}{R^3} - \frac{2\sigma}{R} \tag{5.2.16}$$

在空泡平衡的条件下,也即空泡稳定时,泡壁的运动速度为 0,式(5.2.16)可简化为

$$p_v - p_\infty + p_{g0}\frac{R_0^3}{R^3} - \frac{2\sigma}{R} = 0 \tag{5.2.17}$$

图 5-3 给出了该式的曲线表示形式。由图可知,相应于每一($p_v - p_\infty$),均存在一最小半径,也即临界半径。对式(5.2.17)求导,可得临界半径表达式为

$$R_c = \frac{4\sigma}{3(p_v - p_\infty)} \tag{5.2.18}$$

相应于临界半径的外压强称之为临界压强,其表达式为

$$p_c = p_v - \frac{4}{3}\frac{\sigma}{R_c} \tag{5.2.19}$$

由此可见,在空泡处于静平衡状态下,如不计惯性力的作用,则临界蒸气压力总是小于蒸气压力。

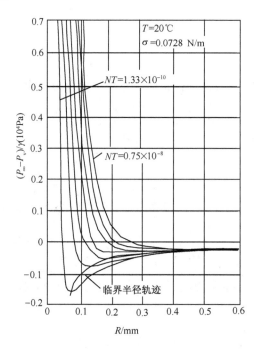

图 5-3　空泡平衡(N 为泡内所含气体有关常数)

5.2.3 球形空泡的稳定性

球形空泡稳定性问题最早由 Riaboushinsky[5] 开始研究,随后 Plesset[6],Birkhoff[7] 和 Mitchell[8] 等人均曾研究过这一问题。假定泡内密度为 ρ_1 的气体与泡外密度为 ρ_2 的水体均为无粘流体,泡内、外压强为常数,泡运动的基态,即未扰状态是球对称的,未扰球形界面的控制方程与式(5.2.13)类似,其为

$$R\ddot{R} + \frac{3}{2}\dot{R}^2 = \frac{1}{\rho_2 - \rho_1}\left[p_\infty(t) - p_2(t) - \frac{2\sigma}{R}\right] \tag{5.2.20}$$

式中 $p_2(t)$ 为积分常数,$p_\infty(t)$ 为泡周围水体在无限远处的压强。

设空泡初始时刻受到一任意小扰动,则球坐标系中泡壁的方程变为

$$r_s(t) = R(t) + \sum_n a_n(t)I_n(\theta, \varphi) \tag{5.2.21}$$

式中 $I_n(\theta, \varphi)$ 为 n 阶球面谐函数,其表达式为

$$I_n(\theta, \varphi) = P_n^m(\cos\theta)e^{im\varphi} \tag{5.2.22}$$

式(5.2.22)中 P_n^m 为 n 次勒让德多项式,其形式为

$$P_n^m(x) = \sum_{j=0}^m (-1)^j \frac{(2n-2j)!}{2^n j!(n-j)!(n-2j)!} x^{n-2j} \tag{5.2.23}$$

式中 m 取值如下:当 n 为偶数时,$m = \frac{n}{2}$;而当 n 为奇数时,则取 $m = \frac{n-1}{2}$。并有 $n \geqslant m > 0$,$a_n(t)$ 为对应于扰动模态 n 的相应扰动幅值,且有 $|a_n(t)| \ll R(t)$。

由于函数 $I_n(\theta, \varphi)$ 之间相互正交,因此可取任一模态 n 来进行分析,设其为

$$r_s(t) = R(t) + a_n(t)I_n(\theta, \varphi) \tag{5.2.24}$$

考虑到泡内、外的流动均为势流,假定泡界面两边的扰动均随离开界面距离的增加而减小,则可取其速度势函数为

$$\varphi_1 = \frac{R^2\dot{R}}{r} + b_1 r^n I_n \qquad\qquad r < R \tag{5.2.25a}$$

$$\varphi_2 = \frac{R^2\dot{R}}{r} + b_2 \frac{1}{r^{n+1}} I_n \qquad\qquad r > R \tag{5.2.25b}$$

式中参数 b_1, b_2 由空泡壁面上的速度与压强连续条件确定如下:

(1) 空泡壁面上速度连续

$$-\left(\frac{\partial \varphi_1}{\partial r}\right)_{r_s} = -\left(\frac{\partial \varphi_2}{\partial r}\right)_{r_s} = \dot{R} + \dot{a}_n I_n \tag{5.2.26}$$

(2) 空泡壁面上压强连续

空泡壁面内侧的压强为

$$p_1 = P_1(t) - \rho_1\left[\left(\frac{\partial \varphi_1}{\partial t}\right)_{r_s} - \frac{1}{2}(\nabla \varphi_1)_{r_s}^2\right] \tag{5.2.27}$$

空泡壁面外侧的压强为

$$p_2 = P_2(t) - \rho_2\left[\left(\frac{\partial \varphi_2}{\partial t}\right)_{r_s} - \frac{1}{2}(\nabla \varphi_2)^2_{r_s}\right] \tag{5.2.28}$$

近似认为非球形空泡的两个主曲率半径相等,且其值为 R,则在扰动后有

$$p_2 - p_1 = \frac{2\sigma}{R}\left[1 + \frac{(n-1)(n-2)}{2R}a_n I_n\right] \tag{5.2.29}$$

将式(5.2.26)与式(5.2.29)代入式(5.2.25),由其确定 b_1, b_2,并约去 a_n^2 以上的高阶小量,同时考虑到 $\rho_1 \ll \rho_2$,则有

$$\ddot{a}_n + 3\frac{\dot{R}}{R}\dot{a}_n - Aa_n = 0 \tag{5.2.30}$$

式中

$$A = \frac{(n-1)}{R}\ddot{R} - (n-1)(n+1)(n+2)\frac{\sigma}{\rho_2 R^2} \tag{5.2.31}$$

如果进一步忽略表面张力的影响,则式(5.2.31)还可简化为

$$A = \frac{(n-1)}{R}\ddot{R} \tag{5.2.32}$$

假定空泡内部及距空泡无限远处的压强均为常数,利用前述讨论空泡发育中介绍的方法可得到空泡半径的变化,引进如下变换

$$\dot{a}_n = \frac{\mathrm{d}a_n}{\mathrm{d}z}\frac{\mathrm{d}z}{\mathrm{d}R}\frac{\mathrm{d}R}{\mathrm{d}t} \tag{5.2.33}$$

$$\ddot{a}_n = \frac{\mathrm{d}^2 a_n}{\mathrm{d}z^2}\left(\frac{\mathrm{d}z}{\mathrm{d}R}\right)^2\left(\frac{\mathrm{d}R}{\mathrm{d}t}\right)^2 + \frac{\mathrm{d}a_n}{\mathrm{d}z}\frac{\mathrm{d}^2 z}{\mathrm{d}R^2}\left(\frac{\mathrm{d}R}{\mathrm{d}t}\right)^2$$

$$+ \frac{\mathrm{d}a_n}{\mathrm{d}z}\frac{\mathrm{d}z}{\mathrm{d}R}\frac{\mathrm{d}^2 R}{\mathrm{d}t^2} \tag{5.2.34}$$

式中

$$z = \frac{R_0}{R} \tag{5.2.35}$$

扰动幅值的控制方程变为

$$z(1-z)\frac{\mathrm{d}^2 a_n}{\mathrm{d}z^2} + \left(\frac{1}{3} - \frac{5}{6}z\right)\frac{\mathrm{d}a_n}{\mathrm{d}z} - \frac{n-1}{6}a_n = 0 \tag{5.2.36}$$

由式(5.2.36)求解出扰动幅值后,即可就扰动对空泡稳定性的影响进行分析。如果扰动幅值随时间是衰减的,则空泡运动是稳定的,与此相反,如果扰动幅值随时间增长,则空泡运动是不稳定的。

图 5-4 给出了空泡膨胀情况下的计算成果,图中 a_0 与 R_0 分别表示空泡的初始扰动幅值及初始半径,l_0 为一特征长度尺度,其定义为

$$l_0 = \frac{u_0 R_0}{\left(\frac{2p}{3\rho}\right)^{0.5}} \tag{5.2.37}$$

式中 u_0 为初始扰动速度,$p = p_1 - p_2$ 为空泡膨胀时的作用压强。

由图 5-4 可知,在空泡膨胀过程中,高阶扰动可使扰动的相对值 $\dfrac{a_n/a_0}{R/R_0}$ 出现明显的最大值;而当 $R_0/R \to 0$ 时,该相对值也趋于零,表明空泡运动是稳定的。

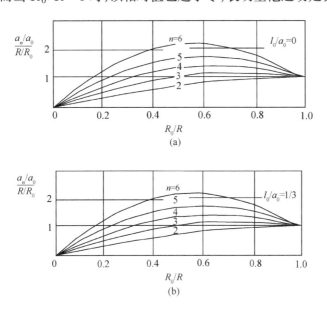

图 5-4 空泡膨胀计算成果

如果进一步考虑到空泡膨胀过程中表面张力的作用,采用与图 5-4 中相同的处理方法得到图 5-5,图中有关表面张力的参数取值为 $\dfrac{2\sigma}{R_0 p} = \dfrac{2}{3}$。由图可知,由于

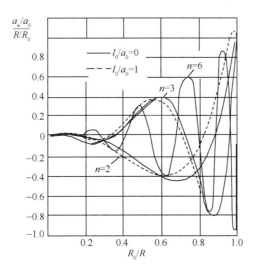

图 5-5 空泡膨胀过程中表面张力的影响

表面张力的作用,扰动的幅值是振荡的,但其幅值是逐渐减小的,因此空泡运动也是稳定的。

图 5-6 给出了空泡压缩过程的计算成果。由图可知,当 $0.2 < R/R_0 < 1$ 时,扰动幅值相对较小;但当 $R \to 0$ 时,扰动幅值则近似按 $R^{-0.25}$ 快速增长,且从定性上来看,表面张力并不影响空泡的稳定性。由此可以认为,在球形空泡的压缩过程中,只有当空泡尺度足够大时其运动才是稳定的;而当空泡尺度被压缩至足够小后,其扰动幅值将快速增长,从而导致空泡运动失稳。

上述理论分析与数值计算成果与用高速摄影观测所得的单个空泡的溃灭过程是一致的。

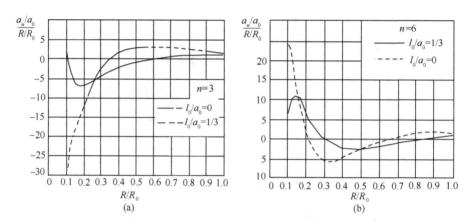

图 5-6 空泡压缩计算成果

5.2.4 空泡的溃灭

空泡在溃灭的最后阶段其运动颇为复杂,但在其溃灭的初始阶段则可近似认为空泡仍呈球状,且其内爆过程是球对称的。下面对空泡内爆过程进行分析。

空泡内爆的初始条件为

$$t = 0: \quad R = R_0 \qquad p_v = p_{v0} \tag{5.2.38}$$

空泡内充满着压力为 p_g 的某种气体,在恒定的水压 $p_\infty > p_v$ 的作用下,空泡开始溃灭。如果忽略表面张力、压缩性及传热影响,由于空泡半径急剧变化,泡内气体的变化可视为理想气体的绝热过程,此时有

$$p_g = p_{g0}\left(\frac{R_0}{R}\right)^{3\gamma} \tag{5.2.39}$$

由此得到空泡表面收缩速度的控制方程为

$$\left(\frac{\mathrm{d}R}{\mathrm{d}t}\right)^2 = \frac{2}{3\rho}\left\{ p_\infty\left[\left(\frac{R_0}{R}\right)^3 - 1\right] - \frac{1}{\gamma - 1}p_{g0}\left[\left(\frac{R_0}{R}\right)^{3\gamma} - \left(\frac{R_0}{R}\right)^3\right]\right\}$$

$$\tag{5.2.40}$$

在空泡内爆过程中，因有 $\dfrac{R_0}{R} \gg 1$，因此式(5.2.40)可简化为

$$\left(\frac{\mathrm{d}R}{\mathrm{d}t}\right)^2 = \frac{2p_\infty}{3\rho}\left\{\left(\frac{R_0}{R}\right)^3 - \frac{1}{\gamma-1}\frac{p_{g0}}{p_\infty}\left[\left(\frac{R_0}{R}\right)^{3\gamma} - \left(\frac{R_0}{R}\right)^3\right]\right\} \quad (5.2.41)$$

令空泡表面收缩速度为零，则得空泡的最小半径 R_m 为

$$R_m = R_0\left[(\gamma-1)\frac{p_\infty}{p_{g0}} + 1\right]^{\frac{1}{3(\gamma-1)}} \quad (5.2.42)$$

此时空泡内的蒸气压强为

$$p_m = p_{g0}\left(\frac{R_0}{R}\right)^{3\gamma} = p_{g0}\left[(\gamma-1)\frac{p_\infty}{p_{g0}} + 1\right]^{\frac{\gamma}{\gamma-1}} \quad (5.2.43)$$

图 5-7 给出了 $\dfrac{R_m}{R_0}$ 及 $\dfrac{p_m}{p_{g0}}$ 随 $\dfrac{p_\infty}{p_{g0}}$ 的变化。由图可知，$\dfrac{p_\infty}{p_{g0}}$ 对 $\dfrac{p_m}{p_{g0}}$ 有决定性影响，当 $\dfrac{p_\infty}{p_{g0}} = 10$ 时，压强之比 $\dfrac{p_m}{p_{g0}}$ 大致为 280；而当 $\dfrac{p_\infty}{p_{g0}} = 100$ 时，$\dfrac{p_m}{p_{g0}}$ 可达 5×10^5。

Knapp[7]利用高速摄影测定空泡直径，其实验成果如图 5-8 所示。由于空泡的直径、压强是随时间变化的，为对比起见，图 5-8 中还给出了空泡直径随溃灭时间变化的计算成果。由图 5-8 可知，两者基本一致，尤其是在空泡溃灭的初期。

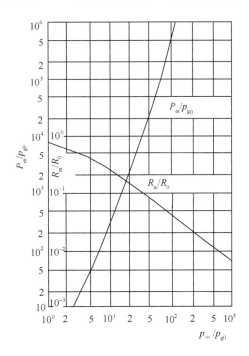

图 5-7　空泡溃灭计算成果

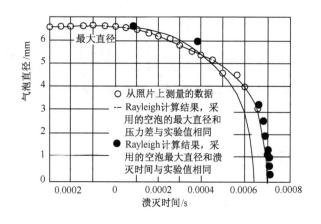

图 5-8

5.3　空蚀破坏程度的度量与空蚀破坏机理

5.3.1　空蚀破坏程度的度量

空蚀是空泡溃灭时的冲击力和材料抗空蚀能力综合作用的结果。如果单个空泡溃灭时产生的冲击力超过材料的屈服强度,那么空泡溃灭的一次冲击就可造成一个永久的凹坑;如果冲击力小于材料的屈服强度,那么若干次空泡溃灭的反复冲击也会使材料产生疲劳破坏,从而形成凹坑。大量空泡溃灭的长时间作用,就可造成凹坑的重叠,进而使材料以颗粒的形式逐渐脱离表面,长此下去就造成表面的麻面、甚至孔洞等。度量材料空蚀破坏程度的方法很多,主要有:

(1) 失质(重)法。根据试验前后材料的质量损失来计量。单位时间的质量损失称为空蚀(失重)率,常用单位为 g/h。Thiruvengadam 等[10]根据失重率的变化将空蚀分为四个阶段(见图 5-9),即酝酿阶段——材料有塑性变形,却无质量损失,但材料表面的粗糙度将增加;加速阶段——材料的失重率逐渐增加;减弱阶段——材料的失重率逐渐减小;平衡阶段——材料的失重率不变。材料不同,以上四个阶段的时间分布也不相同。失质法简单易行,尤其对于不吸水材料,在空蚀程度很大、空蚀效果明显时更为适用,但对塑性较大且吸水性较大的材料,在酝酿阶段用此方法表示材料空蚀程度误差较大。

(2) 失体法。根据试验前后材料的体积损失来计量。该方法的优缺点与失质(重)法相同。

(3) 面积法。将易损涂料涂于试验材料可能受空蚀的部位,经过一定试验时间后,用受空蚀失去的涂层面积与总涂层面积之比来作为空蚀程度的度量。此种方法对抗蚀性能较强的非塑性材料非常适用。

（4）深度法。材料空蚀深度是计量空蚀程度的重要指标,然因材料表面各处的空蚀程度不同、蚀坑大小也不一样,故常用一定面积(如 5mm×5mm)内的平均空蚀深度(MDP,mean depth of penetration)作为空蚀程度的指标。

（5）蚀坑法。用空蚀后,材料每单位时间、单位面积上的麻点数(即空蚀麻点率)作为空蚀程度的一种表示方法。

（6）空蚀破坏时间法。用单位时间失去单位质量的材料所需要的时间来表示空蚀程度,常用单位为 h/(kg/m²)。

（7）工程上常用方法。为破坏面积×最大蚀深,也有直接用蚀坑体积来计量的,并常用附图及照片加以说明。

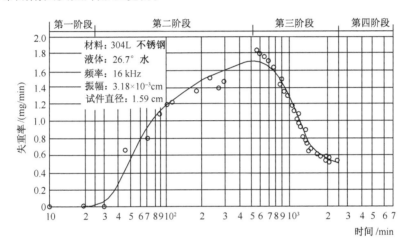

图 5-9　空蚀发展阶段

5.3.2　空蚀破坏的机理

空蚀破坏机理十分复杂,迄今为止虽研究成果颇多,但仍众说纷纭,目前人们认为造成空蚀破坏的原因主要有:

（1）冲击波。认为空蚀是由于空泡溃灭时所形成的冲击波将其所产生的巨大压强作用到边壁上,对边壁造成强烈破坏而形成的。

（2）微射流。1944 年 Kornfeld 等[11]首次提出微射流冲击引起空蚀的设想,认为空泡在压强梯度作用下在边壁附近溃灭时,空泡形状将由原来的球形变为扁平形或元宝形,最后分裂成两个小气泡而消失,在两个小气泡中间则形成微射流,如图 5-10 所示。随后 Rattray[12]从理论上论证了微射流形成的可能性;Naude[13]对轴对称条件下吸附于固壁上的半球形空泡溃灭时形成的微射流进行了理论分析;Plesset 等[14]对微射流进行了数值计算;Kling 等[15]则用高速摄影证实了近壁处空泡溃灭时确实存在冲击壁面的微射流(图 5-11);Brunton[16]认为微射流的流速可能高达 1000m/s。Hammitt[17]也曾估算游移性空泡溃灭时微射流的冲击压强可高达 691 000kN/m²，微射流的直径约为 2～3μm，空蚀坑直径约为 2～20μm，边壁受到的射流冲击次数约为 100～1000 次/(s·cm²)，冲击脉冲的作用时间每次只有几微秒，其所形成的冲击力将直接破坏壁面材料而形成蚀坑，较小冲击力的重复作用也可能引起材料疲劳破坏。

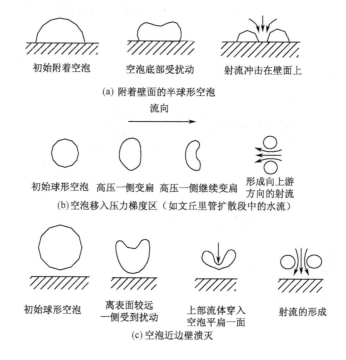

图 5-10　微射流

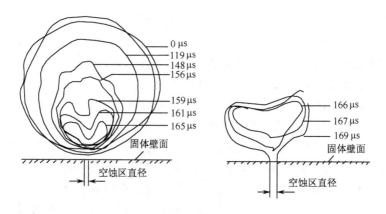

图 5-11　近壁区空泡溃灭试验成果

冲击波与微射流均属空蚀破坏的力学作用理论,其皆有一定的理论和试验基础,Shima 等[18]运用激光及高速摄影发现,空蚀破坏的冲击波与微射流机理均存在。只有当空泡离壁面在一定的距离范围内,微射流的作用才是主要的,在此范围之外,冲击波的作用则逐渐增强,而在远离此范围一定距离之后,壁面的空蚀破坏则以冲击波作用为主。

固体壁面空蚀破坏除以上两种机理外,还有如下几种理论:

(1) 化学腐蚀理论:对金属而言,化学腐蚀作用常常与空蚀破坏的力学机理相结合,造成更为严重的空蚀破坏。

(2) 电化学理论:Petracchi[19]的研究成果表明,空泡溃灭时在高温、高压的作用下,金属晶粒中可形成热电偶,冷热端间存在电位差,从而对金属表面可产生电解作用,形成电化学腐蚀。

(3) 热作用理论:Plesset[20]认为,如果溃灭的空泡中含有相当数量的永久气体,则空泡溃灭后气体的温度必然很高,这些高温气体与金属表面接触时,将使其局部强度降低,甚至使金属表面局部加热到熔点从而产生空蚀破坏。

此外,水流中的含沙量对空蚀破坏也有一定的影响。

5.3.3 紊流相干结构与空蚀的关系

如前所述,形成空蚀的水流条件有四个,一是水流中需含有气核;二是要有局部低压区;三是气核增长形成的空泡要带到高压区;四是气泡破裂应在边壁附近发生。这四个条件除第一个主要是自然形成的以外(一般天然水流都含有气核),其他三个条件都与近壁区的水流结构有关[21]。

多数情况下当水流压力等于或低于汽化压力时,气核开始增长(气穴初生),但严格讲气穴初生的压力并不固定,其与气核的数目、大小、在低压区停留的时间等因素有关,问题是如何确定低压区。如边界有突变,形成固定空腔,在空腔内将形成低压区,但如边界无突变,空穴仍可能初生,这就必然要归结于水流内部的原因。由紊流相干结构的研究成果可知,紊流边界层壁区内存在着马蹄涡,在大雷诺数情况下,马蹄涡被拉长形成发卡涡。发卡涡涡面很小,涡丝中心压力变低,形成局部低压区,为气穴的初生与增长提供了条件。因此,可认为:气核首先在发卡涡涡丝中心低压区形成气泡,然后气泡被"扫掠"带到下游边壁附近高压区内破裂,产生空蚀破坏,这可能是边壁无突变情况下气穴产生、增长和破裂的过程。

5.3.4 泄水建筑物易受空蚀破坏的部位

高水头泄水建筑物的设计,首先必须解决高流速带来的问题,根据试验成果,水流空蚀破坏的能力与其流速的 5 至 7 次方成比例,因此防止空蚀发生与减轻空蚀破坏是高水头泄水建筑物设计与研究的主要课题。泄水建筑物表面发生空蚀破坏的原因主要有:① 由于体型不合理,致使某些局部区域水流的压强较低;② 由于混凝土表面局部区域不平整,如存在粗糙体、施工残留钢筋头、错台及泥沙的磨蚀破坏等,其均可使水流发生局部分离,形成局部低压区,造成空蚀破坏。

1. 溢流坝面的空蚀破坏

溢流坝是水利枢纽中的重要泄水建筑物,其堰面设计一般遵循以下三个原则:① 在定型设计水头下,从安全角度出发要求堰面不出现负压;② 从泄流角度出发要求流量系数较大;③ 从经济角度出发要求断面较狭窄。根据美国垦务局的系统试验,如采用 WES 堰面曲线,当堰顶有效作用水头 H_e(含行近流速水头)大于定型水头达 1.33 倍,也即 $H_d/H_e = 0.75$ 时,自由溢流堰面最大负压值(按水柱计算)约为 $H_d/2$,出现在堰顶附近,并随 x/H_d 的增加而逐渐衰减,至 $x/H_d = 1$ 处负压即告消失,详见图 5-12。

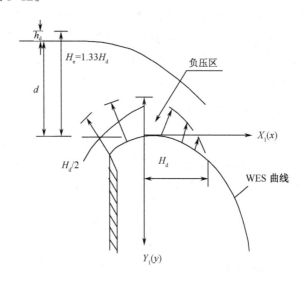

图 5-12 溢流坝面附近的负压区

如溢流坝堰顶设有闸门,则闸门在小开度下作局部开启运行时,在闸门后的堰顶附近 $x/H < 0.5$ 的范围内也可能出现负压区,H 为作用水头。

溢流坝反弧段发生空蚀破坏的事例也较多,其中既有体型及不平整度的问题,也有反弧半径不足的问题。如前所述,一般常取反弧半径 R 为反弧最低点水深的某一倍数,作为一种概略估算的标准。国内一些工程的 R/h 取值最大的是丰满水电站的 $R/h = 23$,最小的是柘溪水电站的 $R/h = 3.75$,其值相差达 7 倍之多。当反弧段与水平护坦或平直段相连接时,如果曲率出现突变,往往也会发生空蚀破坏[3]。

2. 泄洪洞的空蚀破坏

泄洪洞受高速水流的作用,极易产生空蚀破坏,对"龙抬头"型泄洪洞更是如此,如我国刘家峡水电站右岸泄洪洞反弧末端在 1972 年 5 月就曾发生过严重的空蚀破坏[3]。

如图 5-13 所示,水流经过反弧段 ABC,并在反弧末端 C 点与下游直段相连,因此曲率半径在该点由一定值骤增至无穷大。与此相对应,C 点的离心力也从一定值骤降至零。从理论上来看,C 点的压强坡降应等于无穷大,实际上其压强将在一段距离(CD)内下降,且 D 点的压强还有可能为负。由于在 CD 段水流压强坡降很大,因此有可能出现以下现象:

(1)水流紊动加强;

(2)水中的气核与水流产生相对运动;

(3)反弧段水流中空气含量高,至反弧末端压强骤降,水流中的空气本应逐渐溢出,但因 CD 段过短,空气溢出量有限,致使水流中的空气含量过高,呈现超饱和状态;

(4)由于水流中的空气含量过高,导致其内的空气向气核内扩散,形成扩散型空化。

为避免反弧末端的扩散型空化,应尽量降低水流运动速度与压强坡降,同时改变反弧段的曲线形式。

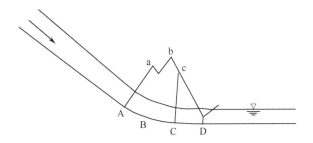

图 5-13　反弧段上的水流运动及压力分布

3. 闸门和闸室的空蚀破坏

高速水流通过平板闸门闸孔时,由于在闸孔边界处水流分离,容易形成空化水流,导致门槽及其附近的边墙或底板上产生空蚀破坏。

门槽空蚀破坏以矩形门槽居多数,矩形门槽的空蚀又可分为以下两类:一类是溢流坝表孔的宽门槽,一般因总水压力较大,轮压较大,闸门支承结构采用台车支承,导致门槽宽深比偏大(其宽度 W 与深度 D 之比大于 2.5)。如我国柘溪水电站溢流坝装有 9 座 12m×9m 的平板闸门,其门槽宽 3.02m,深 0.95m,宽深比为 3.2,泄流时最大水头为 19m,在门槽下游紧靠坝顶 2m×2m 范围内曾发生空蚀破坏,最深达 25cm。

门槽空蚀破坏的另一类是宽深比太小的矩形方角门槽(其宽度 W 与深度 D 之比小于 1.4)。这种门槽在泄流时产生强烈漩涡,容易形成漩涡型空化而导致空蚀破坏。如美国格林峡左岸导流隧洞的工作闸门,其门槽宽深比为 1.2,1963 年 3 月至 1965 年 2 月运行期间,门槽后发生了空蚀,最大深度达 9.6mm。

闸门门槽水流的空蚀,具有如下特点:

(1)泄洪闸门门槽因流速较高,若设计不当,较易发生空蚀。电站进水口快速闸门门槽因流速较低,发生空蚀的实例较少。

(2)工作闸门门槽因流速较高,压坡线较低而又运行频繁,故发生空蚀的实例较多。事故闸门门槽因压坡线较高,运行机会较少,故发生空蚀的实例较少。

(3)位于溢流坝坝顶的闸门槽,水流经过门槽后受坝顶曲线影响,使压力降叠加,较易形成空化水流,导致空蚀破坏。

(4)经常局部开启运行的闸门槽其底缘较易发生空蚀,尤其是高水头压力管道,当闸门局部开启运行而水流又呈明流状态且通气不足的情况下,更易发生空蚀。

(5)运行水头超过 30m 的矩形方角门槽容易发生空蚀。

(6)门槽宽深比大于 2.5 或介于 0.8 至 1.2 左右时容易发生空蚀。

(7)如闸门底缘迎向下游,刀形水封将使水流分离点位于门槽上游,在闸门局部开启时,闸门底缘将使漩涡强度增加,水流紊动加剧,从而较易形成空化水流而发生空蚀。

4.消能工和分流墩的空蚀破坏

通过溢流坝、底孔、水闸或隧洞等泄水建筑物下泄的水流,一般具有较高的流速,水流挟带着巨大的动能。特别是为了节省造价,这类建筑物的宽度总是小于原河床宽度,导致单宽流量增加,水流能量也就更加集中。如采用水跃消能的方法,水跃下部主流与上部漩滚之间有很大的剪切应力。为防止产生远驱水跃,除了降低护坦高程外,也可在消力池内设置消力墩形成强迫水跃。但如消能设施的形式或布置选择不当,则消能设施自身也会遭到空蚀破坏。

5.4 空化与空蚀的物理模拟与原型观测

研究空化空蚀除了理论分析与数值计算方法以外,还有物理模型试验及原型观测方法,下面分别加以简要介绍。

5.4.1 空化与空蚀的几个无量纲数

在空化空蚀的研究中,除了常规水力学试验中的雷诺数、弗劳德数等无量纲数以外,还经常用到如下几个无量纲数。

1. 水流空化数

以 p_0 与 p_v 分别表示来流压强与水的汽化压强, u_0 表示水流流速,参照欧拉数的定义构成以下的无量纲数 K

$$K = \frac{p_0 - p_v}{0.5\rho u_0^2} \tag{5.4.1}$$

无量纲数 K 称为水流空化数,其为表示来流是否容易空化的参数,水流空化数越小,形成空化的可能性越大。

2. 初生空化数

水流空化数越小,形成空化的可能性越大,当 K 小到某一临界值,水流中刚刚开始形成空化,此时的 K 值称为初生空化数,一般用 K_i 表示。K_i 随边界条件而异,对于某种固定的边界轮廓,初生空化数是一个固定的值,通常用试验的方法来确定。

水流流经某一形状的固体边界是否会发生空化,要通过比较水流空化数 K 及初生空化数 K_i 才能加以确定。如 $K > K_i$,水流中无空化;如 $K = K_i$,则刚刚发生空化;但如 $K < K_i$,则已发生空化,且 $(K_i - K)$ 值愈大,水流中空化的强度与范围也愈大。

3. 最小压强系数

水流的空化是压强降低所致,因此边界上的最小压强也可用于判断水流中是否发生空化。与来流的压强 p_0 及流速 u_0 相比,物体上压强最小处的压强系数称为最小压强系数,通常用 $C_{p\min}$ 来表示,其定义为

$$C_{p\min} = \frac{p_{\min} - p_0}{0.5\rho u_0^2} \tag{5.4.2}$$

通常认为空化所产生的空泡内充满水蒸气,泡内压强应为饱和蒸汽压强 p_v,而绕流物体上如果发生空化,其开始出现位置应是物体表面上的压强最低点,且其值 $p_{\min}$ 应等于 p_v,此时有

$$K_i = -C_{p\min} \tag{5.4.3}$$

5.4.2 空化与空蚀的物理模拟

空化数是表示水流空化程度的重要指标。在常压模型试验中,模型的空化数要比原型的空化数大许多倍,有时甚至达到几十倍,而且常压模型的负压不可能达到或低于水的汽化压强,因而不可能模拟空化现象。减压模型试验是将模型安装在减压箱内,利用真空泵抽气来调节与控制模型水面上的气压,以使模型的空化数等于甚至还可小于原型的空化数。因此,其基本上能够复演原型中出现的空化现象。

为研究空化现象,必须确定控制空化的基本参数,并要求模型设计和运行中保持动力相似。影响初生空化强度和后期空化强度的主要变量有:物体几何边界、水流变量(主要是绝对压强和流速)以及饱和蒸汽压强。此外在一定条件下还有一些变量对空蚀过程有很大影响,如流体的黏性、表面张力、含气量、流体中的杂质含量,以及过流边界的光洁程度与过流通道尺寸等。然而,在空化问题的模拟过程中不可能将所有的影响因素都加以考虑,一般所考虑的动力相似条件有两个,即模型与原型的弗劳德数相等及水流初生空化数相等。模型与原型的弗劳德数相等是常压模型试验中也必须考虑的问题,因此下面仅对水流初生空化数相等进行简要说明。

以水头形式表示的水流空化数为

$$K = \frac{p - p_v}{0.5\rho v^2} = \frac{H - H_v}{v^2/2g} \tag{5.4.4}$$

在减压试验时式(5.4.4)可写成

$$\frac{H_p + H_{ap} - H_{vp}}{v_p^2/2g} = \frac{H_m + H_{am} - H_{vm}}{v_m^2/2g} \tag{5.4.5}$$

式中 H_p、H_m 分别表示原、模型中在边界特征点上的相对压强;

H_{ap}、H_{am} 分别表示原、模型水面大气压强;

H_{vp}、H_{vm} 分别表示原、模型相应于某一水温时的蒸汽压强;

v_p、v_m 则分别表示原、模型中特征断面的水流平均流速;

g 为重力加速度。

整理式(5.4.5),得

$$H_{am} = \frac{1}{\lambda_L}(H_{ap} - H_{vp}) + H_{vm} \tag{5.4.6}$$

式中 λ_L 为模型的长度比尺,由式(5.4.6)即可求出模型水面应控制的大气压强,即模型水面残余压强。

模型试验中应达到的真空高度 H_z 为

$$H_z = h_{am} - H_{am} \tag{5.4.7}$$

因此在减压箱中应控制的真空度 η 为

$$\eta = \frac{H_z}{h_{am}} = 1 - \frac{1}{\lambda_L}\frac{H_{ap}}{h_{am}} + \frac{1}{\lambda_L}\frac{H_{vp}}{h_{am}} - \frac{H_{vm}}{h_{am}} \tag{5.4.8}$$

式中 H_{am} 为实验室内的大气压强;H_{am} 为模型水面残余压强。H_{ap} 及 H_{am} 均与所在地的海拔高程有关,详见图 5-14。

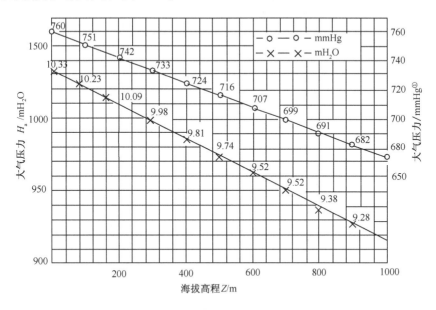

图 5-14　大气压强随海拔高程的变化

在一般条件下,海拔高程每上升 10m,大气压强将降低 0.0113mH$_2$O,因此,如以 z 表示所在地的海拔高程,则对大气压强 H_a 有如下的近似计算式

$$H_a = 10.33 - 0.00113z \tag{5.4.9}$$

式中 z 的取值范围为 0~1000m,且以 m 为计算单位,H_a 的计算单位为 mH$_2$O。

蒸汽压强 H_{vp} 和 H_{vm} 随着水温的上升而递增,水温越高,蒸汽压强的增加值也越大,常见的蒸汽压强随水温的变化见图 5-15。

在水温变化于 0℃~40℃之间时,蒸汽压强可用下式估算

$$H_v = 0.08225(1.08)^T - 0.0195 \tag{5.4.10}$$

式中蒸汽压强 H_v 的单位为 mH$_2$O,水温 T 的单位为℃。

研究空化空蚀的试验设备包括试验装置及测试装置两类。试验装置用于重现原型中的空化状态,除减压箱外,还有水洞、气蚀台、高压箱及变压箱等,其共同特点是均能在某一范围内调节流速与压强(由正压到相当低的负压),以便重现空化现象。

---

① 1mmHg＝1.33322×10^{2}Pa

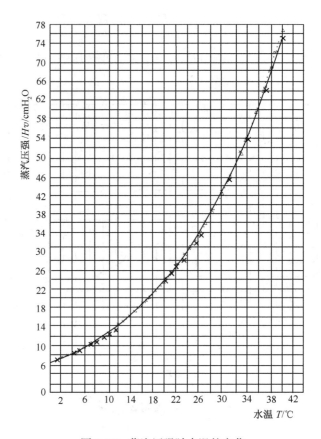

图 5-15　蒸汽压强随水温的变化

水洞主要用来研究空化机理,其也可用于螺旋桨、水翼或其他潜体空化问题的研究。水洞的根本任务在于提供一个模拟流场,以便观察与量测空化现象。为此,一个理想水洞应满足如下基本要求:

(1) 工作段内的水流速度、压强应能在一定范围内分别进行连续调整,并能获得尽可能低的空化数;

(2) 水洞工作段内的水流紊动强度应尽可能低(一般低于 $0.5\% \sim 1\%$),且其内流速分布能按需要进行调整(或为均匀分布,或为均匀切变等);

(3) 洞体应具有良好的形状及适当的尺寸,以便在进行空化试验时洞体内表面各处应不优先于模型发生空化;

(4) 尽可能将温度变化控制在最小范围内;

(5) 尽可能在水流中保持稳定的含气量。含气量对初生空化具有直接影响,需使模型中因空化而生成的气泡与因压强降低而从水中析出的气泡重新溶于水中,以保证试验精度。可使含气水流经过高压区,并在其中驻留足够长的时间,以便空气在高压作用下重新溶于水中。

此外,模型的装卸、观测和数据的量测要方便,并尽可能减小振动和噪声,以提高测量精度并保持安静的运转环境。

气蚀台是进行水轮机空蚀性能试验的专用水洞,其与一般水洞的主要区别在于其是用特殊的水轮机外壳作为水洞的工作段,这种外壳可以安装需进行试验的各种水轮机转叶的模型。

高压箱不仅可以用于空化空蚀研究,而且可用于水流掺气及流激振动等问题的探讨,其主要利用高扬程水泵将水送入高压稳流箱,形成高水头,以在工作段内产生高速水流。

变压箱是将高压箱、减压箱和开敞式循环水洞融为一体的空化试验装置。其之所以称之为变压箱,是因为其试验段的流速和压强能独立地在较大范围内进行调节。此外,变压箱还可控制水流中的含气量。

除以上设备外,还有一些空化研究设备。如文丘里管型的空化空蚀试验设备,主要用于研究空化机理、空化声光效应、掺气减蚀及材料的抗空蚀能力;还有磁致伸缩仪、转盘、超声空蚀装置及射流冲击装置等。

空化水流是两相流,其水力要素颇多,如流速、压强、水中气核含量、水流中含气量及气核分布以及水的表面张力与热力学特性等。由于影响因素众多,在试验中人们注意到,几何相似的流动,在同样的空化现象发生时,空化数不一定相同。或者,几何相似的流动,在空化数相等时,两者不能达到动力相似。对于这些差异,人们称之为空化比尺效应。

5.4.3 空化与空蚀的原型观测

原型观测是空化问题研究的一种重要手段。空化问题研究的目的在于查明发生空化的原因、获得空化的范围和形态、探讨空化对设备运行性能的影响。对特定的工程,满足以上要求的比较满意且直观的方法即为原型观测。但对特定的空化现象,除非在原型观测前预做准备,否则是无法观测到的,而室内模型试验却能较方便地达到这一研究目的。因此,模型试验与原型观测是相互补充、相互验证的。

对于泄水建筑物空化问题的原型观测,由于观测前大都是在施工现场进行的,受多种外界因素影响,工作条件艰苦、难度大、工作周期长,而且有时还要受到气候与季节的影响,因此在原型观测前必须做好充分的准备,所做准备工作大致如下:

(1)要有明确的原观要求及目的;

(2)编制长期规划与短期规划;

(3)编制观测项目的具体实施步骤与观测方法,包括放水次数、流量大小、闸门开度及观测点的布置等;

(4)选择观测仪器;

(5) 确定埋设部件的要求,包括底座的埋件、导线管的埋件及埋件与导线和仪器的连接方法等;

(6) 确定原始资料的采集方法与规定。

我国曾对冯家山水库溢洪道的通气减蚀等进行过原型观测,详见文献[3]。

5.5　水工建筑物减免空蚀措施

探讨避免或减轻泄水建筑物空蚀破坏的方法是设计中颇为关注的问题,其直接关系到所设计的工程能否安全运行。减免泄水建筑物空蚀破坏的方法可归结为以下几条:

(1) 选用合理的过流边壁体型;

(2) 改进施工工艺,提高过流边壁的平整度;

(3) 选用抗蚀性能较强的材料;

(4) 掺气减蚀。

早期减免空蚀的措施主要是选用合理的过流边壁体型及控制过流边壁的不平整度。然因近代修建的泄水建筑物,其工作水头已超过 100m,流速已超过 40m/s,仅采用上述措施已达不到减蚀或防蚀的目的。因此,掺气减蚀在国内外逐渐发展起来,大量工程实践已经证明,这种办法是行之有效的。

合理的建筑物体型是减免空蚀发生的基础,目前对于深孔进口及门槽的空蚀问题研究相对较多,有较为成熟的经验,如果采用得当,可以起到防止空蚀发生的作用。但对消能中的一些高流速部位,其空化数极低,仅靠体型优化难以完全解决问题。此外,为减免消力墩的空蚀,如对其采用流线型,由此又可能影响到消能效果,导致消能要求与防蚀要求的矛盾。

提高建筑物表面的平整度对防蚀也是有效的,但对高流速区域要求局部突体磨成 1/50 甚至 1/100 的斜坡,以及局部突体高度不大于 3~5mm 却难度很大。正是由于建筑物表面难以达到平整如镜,因此一旦出现个别凹凸或很小的障碍物就会出现大问题。此外,由于平整度要求施工质量高,由此不得不降低工效,因此其被认为是不经济的方法。

在抗磨材料方面,有高强混凝土、钢板衬砌、人造铸石等,在一定条件下对减轻空蚀破坏也是有效的,但对空蚀严重的区域单靠抗磨材料也难以解决问题。

掺气减蚀,即在近壁面处向水流通气以减免空蚀是一种经济有效的措施,其具有工程形式简单、减蚀效果明显等特点。采用此种措施,一般可放宽过流面对不平整度的要求。至 20 世纪 80 年代末,已被 20 多个国家近 100 个工程采用。

5.5.1　选用合理的过流边壁体型

过流边壁的体型指的是水流边界轮廓的造型。经济合理的造型应由水力条件、强度条件及美观等多方面的因素综合确定。泄水建筑物的合理体型应同时满足过流时能量损失小和壁面不发生空蚀破坏两个条件。泄水建筑物体型优化可通过如下三种方法得到:①水工模型试验;②数学模型计算;③原型观测资料及工程实践经验。迄今为止国内外曾对各种类型的泄水建筑物在体型设计上如何减免空蚀破坏做了大量的研究,下面仅就深孔泄水道进口、溢流坝面反弧段、矩形门槽及消能工等有关体型的研究成果加以介绍。

1. 深孔泄水道进口

深孔泄水道进口段应满足体型选择的一般要求,即体型简单、美观、水流阻力小、无空化现象出现及易于施工。在某些情况下,防止空蚀破坏尤为重要,因而要求整个进口段边壁上的水流压强分布应均匀,沿程变化平稳并尽量无负压。根据经验,在确定进口段体型时应注意:

(1) 如进口段上游水深小于(2~4)倍洞高,水深对进口段壁面压强分布有明显影响;

(2) 对采用由进口曲线段、门槽段及随后的压坡段三部分组成的短型进水口,虽在布置与运行管理上有很多优点,但因流速较高,容易发生空蚀,故对进口段体型的选择要慎重;

(3) 进口段上游面一般是垂直的。即使上游面的倾斜度小于10°,其对进口段壁面压强分布也无明显影响。

我国的一些深孔泄水道进口通常采用椭圆曲线

$$\frac{x^2}{a^2} + \frac{y^2}{b^2} = 1 \qquad (5.5.1)$$

式中 a、b 分别为长、短轴。

对矩形进口

顶曲线:

$$a = H(洞高), \quad b = \left(\frac{1}{3} - \frac{1}{4}\right)a \qquad (5.5.2)$$

侧曲线:

$$a = B(洞宽), \quad b = \frac{1}{4}a \qquad (5.5.3)$$

底曲线可取为单圆弧接平底。

对圆形进口,可取

$$a = \frac{1}{2}D(D 为直径), \quad b = \frac{1}{3}a \qquad (5.5.4)$$

2. 溢流坝面反弧段

溢流坝面反弧曲线的合理型式,应是能较好地防止因表面凹凸或施工定线误差而引起空蚀的可能性。由此可见,保持反弧段全程具有较高的水流空化数是非常重要的,当然,水流空化数越高,这一条件愈易满足。因此,提高反弧段全程水流空化数的方法是利用反弧曲线自身曲率的沿程变化产生附加离心力,以此来抵消或降低随着沿程落差的增加由重力引起水流流速增加而对水流空化数所造成的影响。

溢流坝面反弧段通常由圆弧段及随后的直线段组成。水流在溢流坝面下泄时,其流速逐渐增加,而坝面时均压强则逐渐降低,直至反弧段前缘时均压强才开始回升,并在反弧段内达到最大值,详见图 5-16。因此,坝面水流空化数的最小值将出现在反弧起点附近。如果这一最小值已足以引起空化,则反弧段中压强与空化数的回升正好为空蚀破坏创造了条件。所以,从减免空蚀角度来看,采用圆弧作为高坝的反弧是不利的。为此,林秉南[22]提出过按等空化数原则设计反弧曲线的理论。此外,中国水利水电科学研究院也曾对厂房顶溢流反弧为圆弧段和椭圆曲线的情况做过减压对比试验。研究成果表明,椭圆反弧明显比单圆反弧优越,其过流壁面上的压强分布较为均匀且无负压出现。

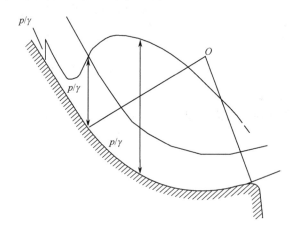

图 5-16　反弧段上水流压强分布

3. 矩形门槽

矩形门槽结构简单,可适用于水流空化数大于 0.8 的中小型泄水道工作闸门,也可适用于电站进水口闸门或泄水道事故闸门。

Ball[23]认为,矩形门槽仅适用于水头不超过 10m 的情况,否则应改进门槽型式以防止空蚀破坏。他提出了四种改进方案,见图 5-17。

除了控制门槽宽深比 W/D 的范围、通过设置错距、斜坡及圆角,也可进一步降低初生空化数 K_i。当 $W/D=1.6\sim1.8$,选用错距比 $\Delta/W=0.05\sim0.08$,圆角半径 $R=5\sim20$cm 时,初生空化数 $K_i=0.4\sim0.5$。这种标准门槽在结构上不太复

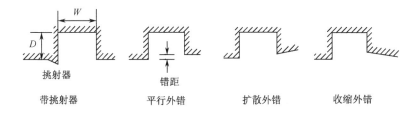

挑射器

带挑射器　　　平行外错　　　扩散外错　　　收缩外错

图 5-17　Ball 提出的门槽型式改进方案

杂,可适用于水流空化数大于 0.5 的一般大中型泄水道工作闸门。对于高水头短管的事故闸门,也可采用这种标准型式。

此外,还有其他型式的门槽,现简述如下:

(1) 如图 5-18 所示,将门槽后部向水流中推进一定的尺寸,可以进一步降低 K_i。当 $W/D=2$,$d/D=0.4$ 时,$K_i=0.35$,从而可适应更低的水流空化数。

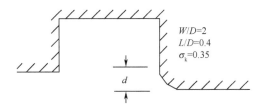

$W/D=2$
$L/D=0.4$
$\sigma_k=0.35$

图 5-18　门槽后部外推

(2) 如图 5-19 所示,下游设椭圆角隅,能适应大型水闸局部开启的水流。一般取 $W/D=1.6\sim1.8$,$a/b=2$,$b/D=0.4$。

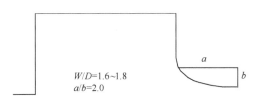

$W/D=1.6\sim1.8$
$a/b=2.0$

图 5-19　门槽下游设椭圆角隅

(3) 如图 5-20 所示,错距经圆角化后,斜坡继续向水流中推进,从而可利用水流冲击而升高压强。图中 R 可容许有一定的变化,但应与坡度为 1:12 的下游边墙相切。

(4) 如图 5-21 所示,下游角隅经修圆后,向内偏斜。当错距比 $\Delta/W \geqslant 0.2$ 时,可形成超空化水流。

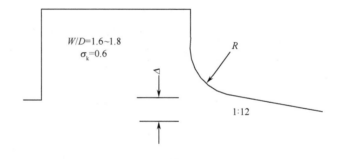

图 5-20　门槽下游错距圆角化

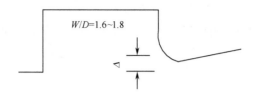

图 5-21　门槽下游角隅修圆,并向内偏斜

对于高水头大型门槽,当水流空化数低于 0.4,或门槽体型特殊,水流现象复杂时,有必要进行减压水工模型试验。对于深孔中的闸门,因流速大,以采用弧形闸门为宜。

我国水利水电工程钢闸门设计规范(SD/13-78,试行)所建议的门槽体形及其初生空化数 K_i 值见表 5-1,其水流空化数按下式计算

$$K = \frac{h_1 + h_a - h_v}{v_1^2/2g} \qquad (5.5.5)$$

式中 h_1 与 v_1 分别为紧靠门槽上游附近断面的平均水头与流速。规范建议取

$$K > (1.2 - 1.5)K_i \qquad (5.5.6)$$

表 5-1　我国规范推荐的平板闸门门槽形式

槽型	门槽图形	门槽几何参数	门槽适用范围
I		(1) 较优宽深比 　　$W/D = 1.6 \sim 1.8$ (2) 合宜宽深比 　　$W/D = 1.4 \sim 2.5$ (3) 门槽初生空化数经验公式 　　$K_i = 0.38W/D$ 该式适用范围 　　$W/D = 1.4 \sim 3.5$	(1) 泄水孔事故门或检修门门槽 (2) 水头低于 12m 的溢流坝堰顶工作闸门门槽 (3) 电站进水口事故与快速闸门门槽 (4) 水流空化数大于 1(约相当于水头低于 30m 或流速小于 20m)的泄水孔工作闸门门槽

槽型	门槽图形	门槽几何参数	门槽适用范围
Ⅱ		(1) 合宜宽深比 $W/D=1.5\sim2.0$ (2) 较优错距比 $\Delta/W=0.05\sim0.08$ (3) 较优斜坡坡度 $1/10\sim1/12$ (4) 较优圆角半径 $R/D=0.1$ (5) 门槽初生空化数 $K_i=0.4\sim0.6$	(1) 深水孔工作门门槽,其水流空化数大于 0.6 (约相当于水头为 $30\sim50$m,或流速为 $20\sim25$m/s) (2) 高水头短管事故门门槽,其水流空化数大于 0.4 但小于 1 (3) 要求经常部分开启,其水流空化数大于 0.8 的工作门门槽 (4) 水头高于 12m,其水流空化数大于 0.8 的溢流坝堰顶工作门门槽

4.消能工

常见的挑流、底流和面流消能是借助于各种形式的挑坎、齿坎及辅助消能工来实现的。各种形式的消能工均可使高速水流在平面或立面上急剧改变方向或扩散,有可能在这些坎、墩、齿的表面上形成低压区,造成空蚀破坏,这样不仅会降低它们的消能效果,有时还会影响到泄水建筑物的正常运用。因此,选择能减免空蚀的体型是非常重要的。

1) 挑坎

挑坎的型式大体上分为连续式挑坎和差动式挑坎两种,前者结构简单、施工方便、坎上受力明确,因此使用较多;后者则能分散水流以增强消能效果,但其缺点是坎上水流流态复杂,容易产生空蚀破坏。经对柘溪差动式挑坎的现场调查,并通过系列模型试验,发现最大负压的出现位置是在齿侧末端顶缘附近。如必须采用差动式挑坎,建议选取宽度大于 $5\sim10$m 的大齿坎,此外,也可采用侧向挑坎或侧向鱼尾坎。前者可在下游直接进气而消除空蚀,后者则将齿坎两侧改成凹曲面,利用离心力正压来抵消齿侧的负压,从而有效地起到减免空蚀的效果。

2) 辅助消能工

为提高底流消能的消能效果,常在消力池内增设一些辅助消能工,如趾坎、消力墩等,其作用在于稳定消力池中水跃的位置,缩短消力池长度。由于这些辅助消能工位于消力池内,其将承受巨大的水流冲击作用。如果消能工的体型不是流线型,则水流绕过消能工时将在其侧面与顶部形成分离,在分离区出现负压并导致空化现象出现,运行时间一长,即会造成空蚀破坏。然而,从提高消能率的角度出发,则希望这些辅助消能工的形式不要过于流线型化。因此,具有较高消能效果的消能工存在空蚀破坏的可能性。

消力墩免空蚀的工作范围,与其形式及淹没系数 $\eta=h/h''$(h 为下游水深,h''

第二共轭水深)有关。免空蚀的临界流速 u_{cr} 如表 5-2～表 5-4 所示[4]。

表 5-2　立方体消力墩免空蚀临界流速

淹没系数 η	1.0	1.2	1.5
免空蚀临界流速/(m/s)	11	13	17

表 5-3　金字塔台体消力墩免空蚀临界流速

淹没系数 η	1.0	1.2	1.5
免空蚀临界流速/(m/s)	14	16	21

表 5-4　棱形体消力墩免空蚀临界流速

淹没系数 η	1.0	1.2	1.5
免空蚀临界流速/(m/s)	15	17	22

　　消力墩在高、中水头下运行时,流速往往超过上述免空蚀的临界流速,因此若采用一般的消能工均会发生空蚀,但若采用超空化消能工效果可能就会好一些。

　　如果水流中的结构物呈现稳定的空化区,而消除空化又确有困难时,采用超空化结构型式是可取的。其目的是使空化高度发展,并使空泡闭合点远离结构本身,使下游游移性空泡的溃灭压强不致危及结构物本身的安全。即使水流条件改变时(如流速减小或压强增大等),也绝不允许超空化蜕化成固定空化或游移空化,以免造成空蚀。

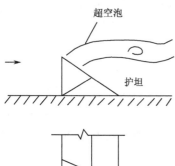

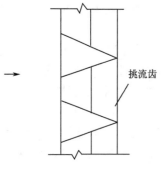

图 5-22　消力墩

　　超空化会使阻力大大增加。因此,对有些构件,会影响其运行效果,由此限制了超空化结构的应用。而对另一些构件,如消能工,其阻力增大,正好增加了消能效果。

　　试验成果表明,对于如图 5-22 的消力墩,在流速大于 25～30m/s 时,可发展成脱体的超空泡。挑流齿使空化带抬高,游移性空泡在远离建筑物边界的下游水流中溃灭,对建筑物的空蚀危害大为减弱;而且水流阻力加大,消能效果良好。

5.5.2 改进施工工艺,提高过流边壁的平整度

水工建筑物过流壁面即使有了良好的体型,如果在施工中不注意壁面的光滑平整,过流壁面上仍可能产生局部空蚀破坏,并且还有可能使破坏范围进一步发展扩大。这里所指的不平整度,特别针对混凝土表面的模板接缝,其他还有突体、突坎、凹陷、钢筋头或预埋构件露头以及施工表面与设计表面相比不符或歪斜等。

1. 有关过流壁面不平整度的研究

有关过流壁面不平整度对初生空化的影响以及其与空蚀之间的关系,前人在理论分析、原型观测以及室内试验方面均开展了大量的研究工作。

在理论分析方面,20 世纪 60 年代初期,许协庆、周胜等曾对圆弧弓形和半弓形突体的压强分布和初生空化数进行过研究,并探讨了影响压强系数的有关因素。

在原型观测方面,我国先后进行了大量的调查研究工作,例如,对刘家峡水电站泄洪洞空蚀破坏的调查表明,在泄洪洞出口反弧末端靠近边墙处有三个露出底板混凝土面以上 8mm 的钢筋头,过水 315h 后(最大流速 38m/s),在其后面发生严重的空蚀破坏。对该反弧段混凝土表面的不平整度的调查结果表明:14 个升坎中(其坎高的最大值为 12mm,最小值为 3mm),其后部均产生了程度不同的空蚀破坏。

前人曾对不平整度对空蚀的影响进行了大量的室内试验研究。结果表明:由于壁面凹凸不平,造成局部动水压强降低,当其低到水的饱和蒸汽(或临界)压强时,水流内部出现局部空化,游移型空泡溃灭造成壁面的空蚀破坏。实际工程施工后残留的不平整突体大多是不规则体,由此给理论分析及数值计算带来了很大困难。通过室内试验,人们试图寻求突体的初生空化数与实际工程中突体空蚀破坏之间的关系。

影响初生空化数 σ_i 的因子可表示为

$$\sigma_i = f(\Delta, v, H, C, \nu, \delta, g \cdots) \tag{5.5.7}$$

式中 Δ 为突体高度;v 为流速;H 为水深;C 为含气浓度;ν 为运动黏性系数;δ 为边界层厚度;g 为重力加速度。

对式(5.5.7)进行量纲分析,并将粗糙度的影响用边界层的特征参数近似代替,则可将初生空化数的影响因素简化为

$$\sigma_i = f\left(\frac{v\Delta}{\nu}, \frac{\Delta}{\delta}, \frac{H}{\delta}, C\right) \tag{5.5.8}$$

下面就式(5.5.8)中的影响因素分别讨论如下:

1) 雷诺数 $Re = \dfrac{\upsilon \Delta}{\nu}$ 的影响

研究成果表明,对流线形突体(如圆弧突体、弓形突体、半圆球形突体等),σ_i 随 Re 的变化不太显著,且当 Re 足够大时,σ_i 趋于某一定值。但对非流线型突体(如三角体、升坎、锐缘体等),σ_i 随 Re 增加的趋势较为明显。

2) $\dfrac{\Delta}{\delta}$ 的影响

霍尔曾在两个不同尺度的水洞中对弓形及三角形突体进行过研究,试验成果表明:如突体被覆盖在边界层内,边界层内的流速变化将直接影响到空化形态的变化。当然,如果流速为均匀分布,则不存在边界层的影响。如计入边界层的影响,则水流空化数将有较大的提高。

3) $\dfrac{H}{\Delta}$ 的影响

$\dfrac{H}{\Delta}$ 既可视为明流中的相对水深,也可视为管流中的相对压强,由其可以将明流与管流这两种不同的流态统一起来。图 5-23 给出了不同 $\dfrac{H}{\Delta}$ 情况下壁面上半弓形突体最小压强系数 $C_{p\min}$ 的变化。如用最小压强系数近似代替初生空化数 K_i($= -C_{p\min}$),则由图 5-23 可知,因明流情况下的 K_i 较管流的相应值为小,故在相同的 $\dfrac{H}{\Delta}$ 下,管流较明流中更易出现空化水流。

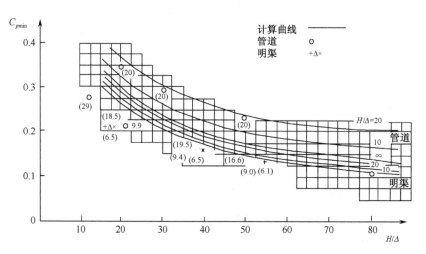

图 5-23 H/Δ 对初生空化数的影响

过去大部分有关突体的空化试验都是在有压水洞中进行的。为了把这些成果运用到明流无压状态,必然要对这两种不同状态下绕过突体的水流的时均和脉动特性进行对比。前苏联水利科学研究院曾进行过这方面的对比试验,试验成果见

图5-24。由图可知,只要自由表面对水流运动的影响可以忽略,把有压设备中取得的研究成果运用到明流情况,脉动壁压强度是不变的。

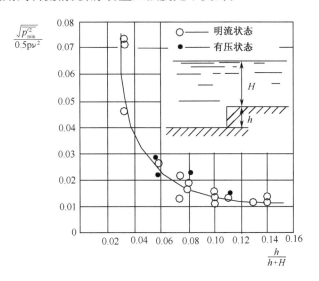

图 5-24　明渠流与有压流脉动壁压强度变化的比较

水利水电科学研究院曾进行过垂直升坎、圆化垂直升坎、斜坡坎,以及三角形突体的试验。试验成果表明:明流与管流下突体的初生空化数是不同的。但随着 $\dfrac{H}{\Delta}$ 的增加,此两种流态的初生空化数 K_i 逐渐逼近。当 $\dfrac{H}{\Delta} \rightarrow \infty$ 时,可将两种流态下得到的 K_i 统一起来,由此也说明可将管流中得到的试验成果应用到明流中。根据试验得到的几种突体的 K_i 经验公式为

垂直升坎:
$$K_i = 1.17\Delta^{0.326} \quad (\text{管流}), \quad K_i = 1.02\Delta^{0.326} \quad (\text{明流}) \quad (5.5.9)$$

圆化升坎:
$$K_i = 0.88\Delta^{0.326} \quad (\text{管流}) \quad (5.5.10)$$

三角形坎:
$$K_i = 0.840\Delta^{0.326} \quad (\text{管流}), \quad K_i = 0.70\Delta^{0.326} \quad (\text{明流}) \quad (5.5.11)$$

斜坡形坎:
$$K_i = 2.9\left(\frac{\Delta}{L}\right)^{0.96} \quad (\text{管流}) \quad (5.5.12)$$

4) 空气含量的影响

已有的试验成果表明,如水中空气含量接近饱和状态,则同一突体多次试验得到的 K_i 值比较接近。

前苏联罗札诺夫的研究成果表明:如果雷诺数足够高,则对一定形状的突体,

其初生空化数将为定值。

2. 有关过流壁面不平整度的控制标准

不平整度的控制或处理标准是高水头泄水建筑物普遍存在而且颇为关注的问题。然因室内试验受缩尺的影响,而原型观测资料又不十分完整,因而迄今为止还难以形成一个统一的标准。

一般对过流壁面不平整度的要求可以分为两种:①大面积不平整度,即完工的壁面与原设计壁面间的偏差;②过流壁面上局部突起所形成的不平整度(包括钢筋头、水泥渣、模板错台等),对局部不平整度的要求,下列一些资料可供参考。

美国对过流壁面的不平整度一般要求较严格。其对垂直水流方向的凸坎或错台不允许大于3.2mm;平行水流方向的错台则不允许大于6.3mm。如遇超过上述要求的错台,则应根据流速大小按表5-5的要求进行磨坡处理。这个要求是相当高的。美国著名的波德坝泄洪洞反弧段就是根据这一要求施工的。经过多年的泄水应用,效果良好。

表 5-5　美国对不平整突体坡度的一般要求

流速/(m/s)	12~27.5	27.5~37	>37
坡面要求	1/20	1/50	1/100

美国垦务局对过流壁面不平整度的规范规定标准如表5-6所示。

表 5-6　美国垦务局对过流壁面不平整度的规范规定标准

流速/(m/s)	13~20	30~40	>40
突体坡度要求	1/20	1/50	1/100
顺流向突体/mm	<6.5	<6.5	<6.5
垂直流向突体/mm	<3.2	<3.2	<3.2

加拿大要求各种情况下,突体一律不得大于3mm,坡度按1/50的要求磨坡处理。

印度的巴克拉混凝土溢流坝(坝高22.5m),施工时要求对过流壁面上所有大于3mm的不规则突体一律磨光找平,该工程经过泄流后,未发现严重空蚀破坏。

中国水利水电科学研究院曾建议用断面水流空化数作为参数来确定各种凸坎或错台应磨成的坡度,见表5-7。

表 5-7　龙羊峡水电站对过流壁面不平整突体的要求

部位	溢流坝面	有压段	直线段	反弧段
流速/(m/s)	25	30~40	35~40	40
空化数	0.5	>0.3	>0.3	>0.3
突体控制标准 Δ/mm;坡度	<3;1/30	<2;1/30	<2;1/50	<2;1/50

可以看出,上述对不平整度的要求有些是合理的,有些则要求过高。过高的要求有时甚至会给施工带来不可克服的困难,应结合工程的运用条件,不同流速、不同空化数、不同部位、不同的材料抗空蚀性能进行全面分析,本着既方便施工,又安全经济的原则对过流壁面的不平整度进行控制。以下建议可供参考:

(1)如通过泄水建筑物壁面的水流平均流速大于 20m/s 时,除严格控制体型尺寸的施工误差外,还应在施工时提出相应的对壁面不平整度要求。

(2)对壁面不平整度的要求应综合考虑下述情况,区别对待:

①水流空化数大小;

②体型的合理程度;

③可能的最长连续过流时间;

④壁面材料的抗空蚀性能。

(3)当水流流速大于 30m/s 时,对反弧段末端及与之相连接的下游水平段、变坡段以及边界突变的地段等部位,可参照上述列举的对不平整度的要求标准适当从严要求,其他部位可以放宽要求。

(4)当水流流速大于 40m/s 时,过流壁面的各个部位均应按高标准要求。

(5)施工完毕,过流壁面上不允许有混凝土残渣及残留的钢筋头、管子头以及其他型钢头等。

(6)对重要部位或进行不平整度控制难以达到要求的,可考虑设置掺气设施。

(7)设置掺气设施后,溢流面的不平整度控制标准可以放宽。

5.5.3　选用抗蚀性能较强的材料

增强泄水建筑物过流壁面材料的抗蚀性能,也是防止和减免泄水建筑物空蚀破坏的主要措施之一,其原因在于材料的抗空蚀性能也是决定空蚀破坏程度的主要因素。一般来说,硬度、强度与刚度大的材料,其抗空蚀性能就好,不过材料的韧性近些年来也已被人们所注意。当材料具有一定的韧性时,可吸收一部分冲击能量,并相应减小因疲劳而引起的断裂破坏。混凝土的抗裂与抗冲击性能一般是较差的,尤其是在界面条件发生变化的部位,更易受水流的空化作用而引起空蚀破坏。为提高水工混凝土的抗空蚀性能,人们进行了大量的研究,已有成果表明,采用如下措施有助于提高混凝土的抗空蚀能力。

（1）采用高标号水泥及高水泥用量（每立方米混凝土用水泥 335～382kg），高标号混凝土可使材料抗空蚀能力提高 3～4 倍；

（2）减少水灰比，一般不超过 0.4～0.42；

（3）粗骨料粒径不大于 40mm，并尽可能采用碎石；

（4）沙子在骨料中所占的比例应为最优比例；

（5）采用表面真空作业或真空作业加磨石子；

（6）保证试件 28 天的极限拉伸性能的增加不少于 1×10^{-5}；

（7）在严寒地区采用抗冻标号高的混凝土。

目前，在水利水电工程中所用的抗蚀材料，大致可分为如下几种：

金属护面材料；

纤维混凝土；

聚合物混凝土。

1. 金属护面材料

使用钢板来保护混凝土，在十三届国际大坝会议上被认为是最佳选择。这一护面方法也是国内外比较常用的。但由于水流条件不同，产生空蚀破坏的原因又较复杂，因此其抗空蚀的效果也不完全相同。如美国万希普、纳瓦约等坝，泄水洞出口处平板闸门下游的混凝土产生不同程度的破坏，曾用不锈钢板衬砌修补 15m，效果很好。而美国格兰峡拱坝，高 216m，其左洞堵塞体内的泄水孔经第一次运行后，闸孔的钢板衬砌被蚀深 9.6mm，12 个月后的第二次运行中，水流流速高达 41m/s，闸孔 25.4mm 厚的钢板被蚀穿。国内一些高水头泄水建筑物表面曾采用铸钢、球墨铸铁及钢管等，在抗空蚀方面均起到了较好的作用。如佛子岭高压平板门槽下游段，运行一万多小时，只有轻微空蚀。但是，用单片钢板衬护，也出现过钢板鼓起、脱空甚至被整块扯掉的实例。

综上所述，钢板衬护在多数情况下是较好的抗空蚀材料，其缺点在于价格较贵、对振动敏感及易疲劳断裂。此外，钢板与混凝土之间如何紧密连接也是问题之一。

2. 纤维混凝土

为了增强混凝土内部的联结力、提高韧性，可以用各种纤维加入混凝土内部。如可以加入钢纤维、玻璃纤维、石棉纤维和塑料纤维等。常用的钢纤维多由普通碳素钢制成，其截面为圆形或方形，其长度多为 25～75mm，长度与直径之比为 30～150。

最实用的钢纤维含量不应超过混凝土体积的 2%，钢纤维混凝土的抗压强度约为普通混凝土的 0.8～1.2 倍，抗拉强度约为 1.4～1.6 倍，韧性则可达普通混凝土的 30 倍,其抗空蚀性能可提高 30%,而钢纤维砂浆的抗空蚀性能可比普通砂浆提高 100%。

3. 聚合物混凝土

使用低黏性高分子有机物质充填普通混凝土中的毛细微孔,当有机物质聚合硬化后,可有很好的胶结性能,而且耐水、耐气温骤变。聚合物混凝土大体上可分为以下三种:

1) 聚合物水泥混凝土(砂浆)

这种混凝土是在普通混凝土(或砂浆)中掺入一部分聚合物材料代替水泥,其具有较高的强度和较好的抗空蚀性能。影响此种混凝土强度的重要因素为聚灰比,也即聚合物与水泥的质量之比。一般情况下聚灰比可取为 5%～20%。硬化后的聚合物水泥混凝土具有如下特性:

(1) 胶结性能好,与钢材、石料等材料胶结强度高;

(2) 由于聚合物膜具有防渗及气密特性,故可提高其抗冲蚀性;

(3) 其抗空蚀性能可提高 9 倍以上,抗压强度提高 1～2 倍,极限拉伸量可提高 3 倍左右;

(4) 抗化学性能有所提高。

适宜做聚合物水泥混凝土的聚合物材料有:水溶性聚合物分散体(橡胶浆、树脂乳液与混合液);水溶性聚合物(单体)(纤维素诱导体甲基纤维素、聚乙烯醇、聚丙烯酸盐-聚丙烯酸钙);液状聚合物(不饱和聚酯树脂、环氧树脂)。

2) 聚合物树脂混凝土(砂浆)

这种混凝土是以聚合物为黏合料与骨料结合而成,完全不使用水泥;其除具有优越的耐酸性外,还能克服水泥存在的弱点。树脂的配比通常为骨料的1/3～1/5。常用的液状树脂有热硬化树脂、焦油改进树脂、沥青、改性沥青及乙烯单体。在聚合物树脂混凝土的制作中应注意骨料的选择,其原因在于岩石中的某些矿物成分可能会和树脂之间产生化学作用,故需根据树脂类型来选择充填骨料。

实践表明,聚合物树脂混凝土是聚合物混凝土中强度最高而耐酸性又较好的材料,其缺点是造价高、制造工艺复杂。但如用于树脂砂浆修补泄水建筑物的局部缺陷则效果显著。

3) 聚合物浸渍混凝土(砂浆)

这种混凝土是在普通混凝土干燥后,从表面使单分子化合物渗入,再经加热或用辐射等其他方法使其聚合而成。我国从 20 世纪 70 年代开始对浸渍混凝土进行研究,并在葛洲坝水利枢纽第一期工程中曾采用浸渍混凝土以提高二江泄水闸闸室底板及下游尾水坎等部位的抗冲蚀性能。

聚合物浸渍混凝土价格较高、施工工艺要求严格,从而影响了其应用,目前仅将其应用于小范围的修补工作。

此外,我国水利工程中所采用的护面材料还有铸石板、聚酯玻璃钢等,这些材料均有较好的抗空蚀性能,但在实践中发现,常因材料粘结不牢及施工不善而造成大块脱落或突然撕裂。

5.5.4 掺气减蚀

利用人工掺气防止空蚀已在国内外一些实际工程中采用,并取得了显著的效果。实践表明,采用此种措施能够放宽对过流壁面不平整度的要求,简化施工工艺,从而降低工程造价。

美国黄尾坝左岸泄洪洞,1967 年泄洪 53 天,泄洪流量在 $85\sim510\mathrm{m}^3/\mathrm{s}$。停水后发现反弧段及其下游发生破坏。修复时在反弧段起点设置了通气槽。1967 年及 1970 年进行了原型观测,在不平整度不变的条件下未出现空蚀破坏。此外,美国的大古力坝泄水孔、前苏联的布拉茨克和努力克水电站也均采用了掺气减蚀措施并取得了较好效果。我国 1975 年首先在丰满水电站溢流坝上进行掺气减蚀试验,1976 年在冯家山水库首次运用掺气减蚀措施,并于 1980 年进行了原型观测。而后又在乌江渡、石头河、白山等工程的泄水建筑物上采用了这一措施。

1. 水流掺气对空蚀发展的影响

如前所述,空化水流是形成空蚀的主要原因,空蚀是空化水流造成的后果,因此人们很自然希望通过改变来流的状态来减免空蚀,由此引申出了向壁面附近掺气的方法。对于掺气减蚀机理的研究仍在不断深入,目前普遍认为有如下几种机理:

(1) 由于掺气水流中的泡内存在着不凝结的气体,因而延缓了空泡溃灭的时间,减少了空泡溃灭时的冲击力;

(2) 向水流通入足够数量的空气可以有效地破坏负压,使绝对压强大于水流的汽化压强,同时由于水流密度及流速分布的变化使当地的水流空化数相应提高,从而避免空蚀发生;

(3) 近壁的水体掺气以后,形成一层刚性很小的可变形层,它对溃灭空泡有排斥作用,使它远离固壁并使溃灭空泡的微射流改变方向,因而使壁面不再承受由空泡溃灭微射流转化的最大溃灭压强,同时因溃灭空泡移离壁面,也削减了作用在壁面上的最大辐射压强,从而减轻了空泡溃灭的破坏作用。

1) 掺气减蚀的理论分析

利用空泡动力学理论对掺气水流进行分析,可得掺入水流中的气量与空化水流中的空泡溃灭压强之间的关系。

将空泡视为一刚性球体,空泡溃灭时向球心收缩,当流体动能全部转化为压缩能时,有

$$\frac{1}{2}\rho u^2 = \frac{p^2}{2\kappa}$$ (5.5.13)

式中 κ 为流体的体积弹性模量，p 为空泡溃灭时的压强。

引用空泡溃灭时其表面收缩速度的表达式(5.2.40)，得到泡壁半径变化的控制方程为

$$\left(\frac{\mathrm{d}R}{\mathrm{d}t}\right)^2 = \frac{2}{3\rho}\left\{p_\infty\left[\left(\frac{R_0}{R}\right)^3 - 1\right] - \frac{1}{\gamma-1}p_{g0}\left[\left(\frac{R_0}{R}\right)^{3\gamma} - \left(\frac{R_0}{R}\right)^3\right]\right\}$$ (5.5.14)

如果进一步忽略泡内压强 p_{g0} 的作用，则得空泡壁收缩速度 u 为

$$u = \sqrt{\frac{2p_\infty}{3\rho}\left[\left(\frac{R_0}{R}\right)^3 - 1\right]}$$ (5.5.15)

式中 p_∞ 为离空泡无穷远处的静水压强；R_0 为空泡初始半径；R 为空泡溃灭时的半径。联立式(5.5.13)与式(5.5.15)得到空泡溃灭压强为

$$p = \sqrt{\frac{2\kappa p_\infty}{3}\left[\left(\frac{R_0}{R}\right)^3 - 1\right]}$$ (5.5.16)

下面对掺气后流体体积弹性模量 κ 的变化进行分析，以 V 表示流体体积，则由体积弹性模量的定义，有

$$\kappa = -V\frac{\mathrm{d}p}{\mathrm{d}V}$$ (5.5.17)

在体积为 V_m 的掺气水流中，以 V_a 与 V_w 分别表示气体与纯水的体积，则有

$$V_m = V_a + V_w$$ (5.5.18)

所以当压强增加 Δp 时，气水混合物的体积的减少值为

$$\Delta V_m = \Delta V_a + \Delta V_w$$ (5.5.19)

根据式(5.5.17)，对混合物、气体与纯水的体积弹性模量分别有

$$\kappa_m = -V_m\frac{\Delta p}{\Delta V_m}$$ (5.5.20)

$$\kappa_a = -V_a\frac{\Delta p}{\Delta V_a}$$ (5.5.21)

$$\kappa_w = -V_w\frac{\Delta p}{\Delta V_w}$$ (5.5.22)

联立式(5.5.18)~式(5.5.22)，得

$$\frac{1}{\kappa_m} = \frac{1}{\kappa_a}\frac{V_a}{V_m} + \frac{1}{\kappa_w}\left(1 - \frac{V_a}{V_m}\right)$$ (5.5.23)

在一个大气压的静水中，如忽略水的表面张力，则气体的弹性模量 $\kappa_a = 1\mathrm{kg/cm}^2$，纯水的弹性模量 $\kappa_w = 2\times10^4\mathrm{kg/cm}^2$，因此有

$$\frac{1}{\kappa_m} = \frac{V_a}{V_m} + 0.5\times10^{-4}\left(1 - \frac{V_a}{V_m}\right)$$ (5.5.24)

假定不同的 $\dfrac{R_0}{R}$ 进行计算,即可得到气水混合物的含气浓度 $\dfrac{V_a}{V_m}$ 与空泡溃灭压强之间的关系如图 5-25 所示。由图可知,含气浓度越大,空泡溃灭压强越小。

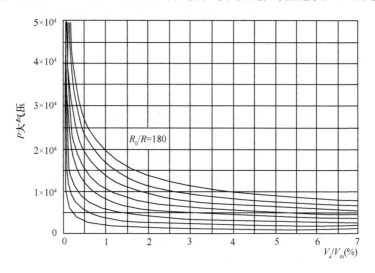

图 5-25　气水混合物含气浓度对空泡溃灭压强的影响

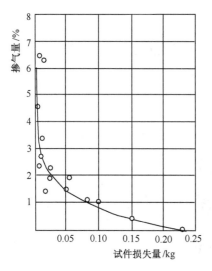

图 5-26　试件损失量随掺气量的变化

2) 掺气减蚀的试验研究

Peterka[24]根据在文丘里型空蚀设备中得到的试验成果(试验流速为15.6m/s,试验历时 2h)提出,当掺气量为 2%左右时,混凝土表面的空蚀破坏显著减少;当掺气量达 7.4%时,几乎不再发生空蚀破坏(图5-26)。Russell[25]在一个方形断面的管道中进行试验,试验水头为 137m,流速为46m/s,试验历时 0.5~8h。试验成果表明:若不掺气,即使混凝土的抗压强度很高,也会发生空蚀破坏;而在水中即使掺入进气量仅相当于水流 5.9%的空气,强度很低的试件也可以完全避免空蚀破坏。

2. 掺气设施的类型

为防止泄水建筑物表面的空蚀破坏,所采用的掺气设施可按进气方式与体型不同而分类。

1）按进气方式分类

（1）封闭式。掺气设施所形成的空腔不与大气相通,必须设置专门的管道用于通气,水气掺混后的流态较为平顺。

（2）开敞式。水流下面的空腔不是封闭的,空气可以从分流墩后部的无水空间或通过边壁突扩处进入,通常用两侧掺气槽来保证空腔侧面与大气相通。

2）按体型分类

（1）掺气槽。有门槽形、三角形及窄缝形等,详见图 5-27。掺气槽自身形成空腔,其对水流的扰动也较小。但因掺气量小,难以保证在各级流量下都有满意的空腔,在含沙水流中应用时又容易被堵塞,故很少单独使用,多与小挑坎或跌坎相结合。

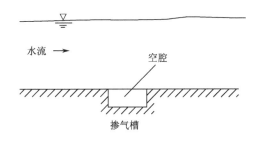

图 5-27　掺气槽

（2）掺气挑坎。如图 5-28 所示,掺气挑坎形如一三角形突体,其作用为将水流挑离边壁形成射流,以在坎后形成空腔,使水流掺气。坎坡与溢流面的夹角多在 5°～10°之间变化;坎高一般小于 80cm,单宽流量大时挑坎较高,单宽流量小时挑坎较低。挑坎的坡比一般为 1:5～1:15,其中溢流坝多采用 1:5～1:6,泄洪洞多采用 1:8～1:10。挑坎施工简便,水流可在坎后形成稳定空腔,且挑坎上的水舌对坝面冲击力也不大。

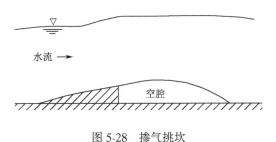

图 5-28　掺气挑坎

（3）掺气跌坎。上、下游边界错开一定高度,形成台阶,使水流脱离台阶下边界而形成射流,造成水流掺气,见图 5-29。掺气跌坎适用于闸门段出口或泄洪洞出口段,其优点与挑坎基本相同。为使射流挑离足够远,空腔足够大,以保证充分掺气,掺气跌坎比掺气挑坎在高度上要大得多,跌坎高度应不小于(1/6～1/10)的泄槽宽度。现有工程的跌坎高度多在 0.6～2.75m 之间,有的甚至高达 7m。

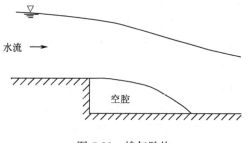

图 5-29　掺气跌坎

(4) 混合式掺气坎。混合式掺气坎汇集了以上三种基本掺气形式的优点。其可细分为:①挑坎与跌坎的组合型,如图 5-30。即在跌坎上设置较低的挑坎,以降低跌坎高度与提高掺气强度;②挑坎与掺气槽的组合型,如图 5-31。这一掺气形式对水流扰动较小,水流流态较平稳,但因残留积水与泥沙淤积,在水平段不宜采用;③跌坎与掺气槽的组合型,如图 5-32。对原水流扰动小,水股冲击力也较小,其缺点是空腔小,且易形成反向漩涡使槽内充水,影响进气;④挑坎、跌坎与掺气槽的组合型,如图5-33。

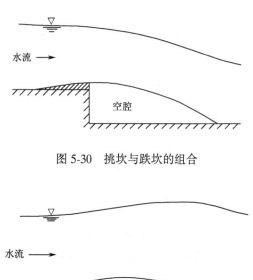

图 5-30　挑坎与跌坎的组合

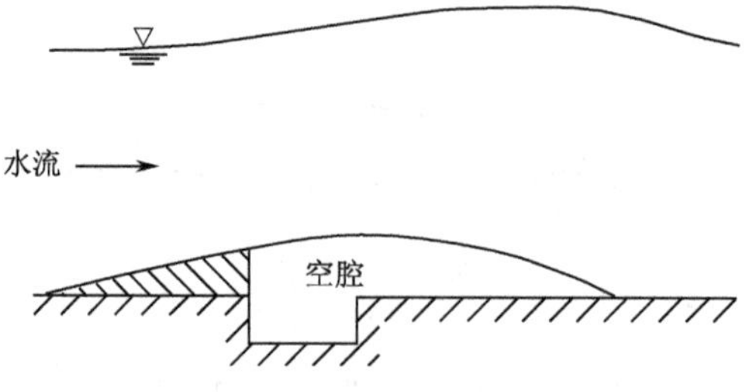

图 5-31　挑坎与掺气槽的组合

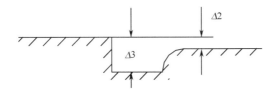

图 5-32　跌坎与掺气槽的组合

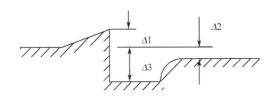

图 5-33　挑坎、跌坎与掺气槽的组合

3. 掺气设施的位置、数量及掺气保护长度

从原则上来看,掺气设施应设置在水流空化数较小、壁面易出现空蚀破坏的部位,如泄水孔工作门槽下游、反弧段起点与终点附近以及泄水孔出口等处。根据已有工程经验,当水流流速小于 20m/s 时可不设掺气设施,而当流速大于 30 m/s 时,则应考虑设置掺气设施。因此,陡坡段的掺气设施可设置在水流流速为 21～30m/s 的区段内。此外,还应考虑需进行掺气保护的部位。如果反弧段下游水平段为防蚀保护区,则掺气设施可设置在反弧末端;但如反弧是保护区,则可将掺气设施设置在反弧起点的上游。

在坝面或泄槽段以及隧洞直线段,常设置一道或多道(间距 50～100m)的掺气槽或跌坎,有时采用挑坎与通气槽组合的形式,有时则采用突跌附加挑坎,若隧洞断面为圆形,则掺气槽 (坎)须采用变高度的折流器。

目前对于掺气设施的尺寸尚无计算公式可循,但其体型与尺寸选择是否适当,可用通气效果来判断,也即是

(1)掺气设施应保证在不同水位及多种流量运行条件下,挑流水舌下缘保持有稳定的通气空腔,并使水流充分掺气。

(2)设置掺气设施后,应不出现对建筑物有危害的水流流态,不致因此而造成水流过分紊动。设置掺气槽后改变了水流原有的动水压强分布,虽然空腔段内的压强较稳定,但在空腔段后因水流回落重新与过流边界相接触,接触点的位置由于高速水流的不稳定性而前后变化,从而导致接触点附近的水流压强出现很大的波动。冯家山水库溢洪洞设掺气槽后,通过原型观测发现接触点的压强

达到未设掺气槽时该处压强的 1.93～2.33 倍,因此应对水流压强的波动引起足够的重视。

（3）设置掺气设施后势必抬高原水面线,因此在掺气效果相同的条件下,应选择水面线抬高不大的方案。尤其是对于隧洞,更要防止因水面线抬高过大而造成净空减少甚至形成封顶。

（4）所设置的通气管道应有足够的进气量,以保证空腔稳定,空腔负压最小。

（5）所设置的掺气设施,能使水流底层有足够的掺气浓度,至保护长度末端,其应不小于防蚀有效掺气浓度。

图 5-34 与图 5-35 分别给出了室内试验及原型观测所得近壁掺气浓度的沿程变化。由图可知,两者有着相近的变化特点,也即在空腔下游三倍于空腔长度 L_c（L_c 为空腔沿流向的长度）$\left(1<\dfrac{x}{L_c}<3\right)$ 的近区范围内,近壁区掺气浓度沿程急剧减小;而在其下游 $\left(\dfrac{x}{L_c}>3\right)$ 的远区,掺气浓度沿程衰减的速率则明显减缓,且掺气浓度逐渐趋于一个定值 C_0。近区水流的掺气状况受掺气设施条件的制约,远区的掺气浓度则几乎不受掺气设施的影响,而主要取决于水流的紊动强度。

（6）掺气设施的体型,应力求简单、经济、便于施工,并有足够的强度,应保证运行的可靠性。

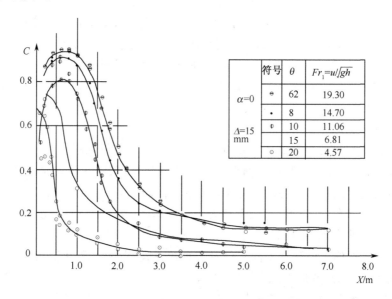

图 5-34　近壁区掺气浓度的变化(室内试验)

一般来说,对设置的掺气设施的形式、尺寸、数量,均应经模型试验论证,有关掺气设施的设计可参见文献[4]。

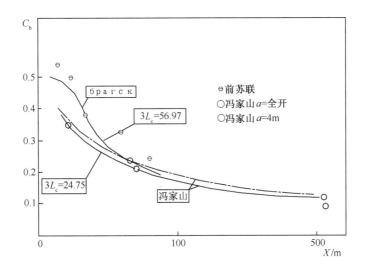

图 5-35　近壁区掺气浓度的变化(原型观测)

4. 通气系统及通气能力计算

高速水流掺气后呈气水混合的两相流,水流中的气泡受浮力作用向上运动,而紊动扩散的作用又使水流维持一定的含气浓度。此外,水流在高速运动过程中还有可能从自由表面补气。

人工掺气要求泄流过程是连续的。在射流水舌下缘连续掺气的过程中,要维持气流的运动并克服气流在通气管道的阻力损失,掺气区的压强总是低于大气压强。因此水舌上下的压强差使射流水舌比在大气中自由抛射的水舌轨迹要低,其降低程度与掺气量有关。

根据已有的工程经验,如能使空腔负压 $\Delta h_a < -5\text{kPa}$,则说明通气管道处于充分通气状态。在通气管道中的风速小于 100m/s 时,通气量 Q_a 可用下式估算

$$Q_a = \phi_a A_a \sqrt{2g \frac{\rho_w}{\rho_a} \Delta h_a} \qquad (5.5.25)$$

式中 ϕ_a 为通气管道的流速系数,一般取为 $0.67 \sim 0.82$;ρ_a 与 ρ_w 分别为空气及水的密度。

对溢流面上设置的掺气设施,在充分供气的条件下,其单宽进气量 q_a 与来流流速 v_1 和空腔长度 L_c 的乘积成正比,即

$$q_a = k v_1 L_c \qquad (5.5.26)$$

式中系数 k 与掺气坎处水流的弗劳德数 Fr,相对坎高 $\frac{\Delta}{h}$ 以及空腔相对压强 $\frac{\Delta p}{\gamma_w h}$ 有关,其值变化于 $0.01 \sim 0.073$。

参 考 文 献

1　李建中,宁利中.高速水力学.西安:西北工业大学出版社,1994

2　黄继汤.空化与空蚀的原理及应用.北京:清华大学出版社,1991

3　李谋恒,黄玉灵.空化与空蚀.武汉水利电力学院教材,1984

4　尹洪昌.泄水建筑物空蚀破坏及其防治.泄水工程与高速水流,1995(4):1～53

5　Riaboushinsky D. Proc. Int. Congress Appl. Mechanics, Stokholm, 1930

6　Plesset M S. On the stability of flow with spherical simmetry. J. Appl. Phys. , 1954,25

7　Birkhoff G. Stability of spherical bubbles. Quart. of Appl. Mathematics, 1954,25

8　Plesset M S, Mitchell T P. On the stability of the spherical shape of a vapour cavity in the liquid. Quart. of Appl. Mathematics, 1956,13

9　Knapp, Daily, Hammitt. Cavitation. McGraw-Hill, 1970

10　Thiruvengadam A. Scaling laws of cavitation erosion. Proc. IUTAM, Symp. Laningrad, June,1971,22～26

11　Kornfeld M, Suvarov L. On the destructive action of cavitation. J. Applied Phys. , 1944,15

12　Rattray M. Perturbation effects in cavitation bubble dynamics. Ph. D. Thesis, California Institute of Technology, 1951

13　Naude C F, Ellis A T. On the mechanism of cavitation damage by nonhemisphercal cavities collapsing in contact with a solid boundary. J. Basic Eng. , Trans. ASME, 1961,83

14　Plesset M S, Chapman R B. Collapse of a vapor cavity in the neighborhood of a solid wall. California Institute of Technology. Div. of Eng. And Appl. Sci. Rep. , Dec. , 1969

15　Kling C L, Hammitt F G. A photograph study of spark induced cavitation bubble collapse. J. Basic Eng. , Trans. ASME,1974,94

16　Brunton J H. Cavitation damage. Proc. Third International Congress on Rain Erosion, Meersburg, Germany, 1970

17　Hammitt F G. Mechanical cavitation damage phenomena and corrosion fatique. UMICH Report, No.03371-T, University of Michigan, 1971

18　Shima A et al. Mechanisms of bubble collapse near a solid wall and the induced impact pressure generation. Rep. High Speed Mech. , Tohoku Univ. , 1984,48

19　Petracchi G. Investigations of cavitation corrosion. Metallurgia Italiana, 1949,41

20　Plesset M S. Bubble Dynamics. *in*: Davies R. Cavitation in Real Fluids. Elsevier. Publishing Co. , Amsterdam, 1964

21　梁在潮.湍流理论在水利工程中的应用.梁在潮科学论文集,1999

22　林秉南等.高坝溢洪道反弧的合理形式.水利学报,1982,2

23　Ball J W. Hydraulic Characteristics of Gate Slots. J. Hydraulic Div. , Proc. ACCE, 1959,85(HY10)

24　Peterka A J. The effect of entrained air on cavitation pitting. Proc. IAHR, Minnesota Conference, 1953

25　Russell S O. Effect of Entrained Air on Cavitation Damage. Can. J. Civil. Eng. , 1974,1

第6章 高速水流的雾化

6.1 概　　述

所谓泄洪雾化,指的是水利枢纽高速泄流时,由于水流与空气或边界的相互作用而形成的雾化水流,受泄水建筑物布置、泄流条件、气象条件及下游地形条件等的综合影响,在水利枢纽附近一定范围内所形成的一种密集雨雾现象。由泄洪雾化所形成的雾化流是一种非常复杂的水-气与气-水两相流,其流态既受泄流条件的影响,又受地形地物的限制,而且气象条件也有一定的作用。如挑流消能,是高水头泄水建筑物主要消能方式之一,其工程结构简单,不需要修建大量的河床防护工程,对具有一定水头的泄水建筑物,且下游地质条件较好时,采用此种消能方式是比较经济合理的。但由于水舌掺气和水舌入水时溅水所形成的雾化水流,对环境的影响又是非常严重的。我国有些水利枢纽,由于受地形条件的影响,每遇泄洪,坝下游相当大的范围内表现为狂风暴雨,水雾弥漫,形成具有严重危害性的雾化水流。如果建筑物处于雾化水流区,其运行必然受到危害,这方面的事例还是不少的[1]。例如,有的由于建筑物布置不当,雾化水流影响电站的正常运行,甚至厂房被淹;有的库区交通和居民生活受到严重影响,不得不迁移;有的两岸山坡受到雾化水流的影响而失去稳定。底流消能由于坝面溢流自然掺气和水跃区的掺气,也会形成雾化水流,虽然其危害性一般不严重,但在一些特殊情况下,如水利枢纽附近有重要的工厂或城镇,仍需对雾化水流的影响程度进行评估。

高水头泄水建筑物的运行,必然伴随着雾化水流的产生,这是水流运动规律所决定的,但雾化水流的危害却是可以控制的,研究雾化水流的目的正是为了防范其危害。如果在水利枢纽的规划阶段即能较准确地预估雾化水流的影响范围与影响程度,将建筑物布置于雾化水流的影响范围之外,或采取切实可行的工程措施,则其危害可减小,甚至可避免。

雾化水流是非常复杂的两相流,其研究方法有三,即数值计算、物理模型试验及原型观测。就目前的研究水平来看,数值计算所依据的理论模型假设较多,只能定性描述;物理模型试验能对某些区域的雾化水流运动定量描述,但费时费力,且因雾化水流前、后各段性质差异较大及两相流动的复杂性,在模型率的选择及缩尺效应影响的估算等方面仍存在问题;原型观测资料非常重要,但在资料的完备性及资料精度方面仍有许多工作要做,此外,要将某一工程的雾化水流原型观测资料直接引申到另一工程,也很难做到水流条件、地形条件及气象条件的完全相似。因此,在目前要对雾化水流进行准确预报,单独使用数值计算、物理模型试验及原型观测中的任何一种方法均难以达到目的。要解决这一困难问题,最好能综合运用以上三种方法来完成。

早在 1978 年,我们在水利部的支持下正式进行雾化水流的研究工作[2],近三十年来,通过对全国大型水利枢纽泄洪雾化的调查[1]、理论分析[3~6]、部分工程雾化流原型观测资料的反馈计算[3,7]、溅水试验[8,9]、风洞试验[8],特别是受国家"七五"、"八五"和"九五"科技攻关及受国家自然科学基金资助期间,和通过对三峡水电站、隔河岩水电站、漫湾水电站、小湾水电站、拉西瓦水电站、构皮滩水电站和向家坝水电站等大型水电站的雾化水流研究,使我们得以透过雾化水流运动的复杂现象,逐步了解其运动特性,以下是我们近三十年工作的一个大致总结。

6.2 挑流消能雾化水流

6.2.1 挑流消能雾化水流的特征

当水流从挑坎挑出后,因水舌在空中掺气散裂及水舌入水时的溅水而形成雾化水流。雾化水流前后各段性质差异较大,水舌掺气段,是具有连续液体特征的水舌表面失去稳定性,空气被卷入而掺气的水-气两相流;水舌落入下游河床引起的溅水和掺气,是一种水体反弹,水团分裂而挟气的水-气两相流;溅水区后的雾流扩散段是类似于异质扩散的气-水两相流。正是由于雾化水流前后各段的流态不一样,严格讲不能统称"雾化","雾化"实际上只能反映雾化水流最后一段——雾化区的流态,不能反映雾化水流的全貌。

根据雾流运动形态上的差异,我们从物理机制上将挑流雾化水流分为三个区域,即水舌区、强暴雨区和雾流扩散区,见图 6-1,其中强暴雨区是雾化影响最为严重的区域,该区内通常是狂风暴雨、大雨倾盆,其降雨强度大大超过自然降雨的降雨强度。水舌入水区降雨强度大不难理解,但即使是水舌入水区附近的溅水区,其降雨强度也不小,有的工程实测到溅水区的降雨强度甚至超过 700mm/h。因此,两岸边坡若处于溅水区,则必须防护加固。

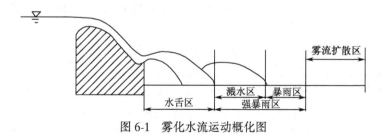

图 6-1 雾化水流运动概化图

6.2.2 挑流消能雾化水流的流动机理

根据图 6-1 雾化水流运动概化模式,我们将雾化水流分为三个区域,即水舌区、强暴雨区和雾流扩散区,水舌区是挑流水舌在空中运动的区域,下面对强暴雨区与雾流扩散区的流动机理进行分析。

1) 强暴雨区流动机理分析

强暴雨区包括水舌入水区、水舌入水区附近的溅水区及暴雨区,其内降雨强度大于 16mm/h。

高速泄流时,在溢流坝面或陡槽中的水流可能已经开始掺气,但更多的是水舌在空中扩散掺气。水舌出挑坎后,在重力和空气阻力的作用下运动,在空中逐渐掺气散裂,水舌表面形成气水混合流,这种大量挟带水滴的雾化水流在水舌下坠时,受水舌风的影响而出现流动分离,其紊动强烈,并伴有周期性漩涡脱落,形成的雾化水流不能向下游迅速扩散,因而雾化流中的水滴在重力及紊动作用下经过碰撞、合并汇集成暴雨,形成水舌入水区上游的暴雨区。

水舌入水时形成大量的溅激水团(滴),溅激水团(滴)在水舌风作用下进一步破碎、抛散,形成一定的溅水区域。溅水区综合影响因素很多,可将其溅激水团(滴)的运动视为水舌风作用下的斜抛运动。因初始斜抛角与平面方位角及水舌风速等的不确定性,溅水区实际上是水舌入水后的一块平面或空间区域(如溅激水团落到河岸)。溅水区是雾化流的暴雨中心,往往是大雨倾盆、狂风大作,是雾化水流最主要的雾源地。

溅水区的下游由于雾化水流中含水浓度过高,加上所挟带的水滴尺寸过大,在重力与气流紊动双重作用下水滴经过碰撞、合并汇集成暴雨,形成溅水区下游的暴雨区。

2) 雾流扩散区流动机理分析

雾流扩散区由雾流降雨区和雾化区组成。雾流降雨区为雾流扩散区的近区,该区内气流中含水浓度较高,超过了运动大气的挟带能力而形成降雨,其降雨强度相当于大雨—毛毛雨的降雨强度,其中降雨强度在 8~16mm/h 之间的区域为大雨区;降雨强度在 2.5~8mm/h 之间的区域为中雨区;降雨强度在 0.5~2.5mm/h 之间的区域为小雨区;降雨强度小于 0.5mm/h 的区域为毛毛雨区。以上相应于各种降雨类型的降雨强度与气象上的标准一致。雾化区为雾流扩散区的远区,其内含水浓度相当于由毛毛雨—浓雾—中雾—淡雾,其运动完全由雾流的紊动扩散所支配。

6.2.3 挑流消能雾化水流的数值模拟

对处于宽阔河谷区采用连续式挑坎的单一挑流水舌所形成的雾化水流,其水舌区、溅水区与雾流扩散区的雾化水流运动可用如下方法进行计算。

1. 水舌区

对于雾化水流的水舌区,计算的目的主要在于确定水舌挑距以及水舌入水时的水流特性。雾化水流中的水舌属于掺气散裂射流，其计算可参考本文 3.3.2 中挑射水流的计算方法。对采用宽尾墩消能、窄缝消能的工程，其水舌计算也可参照以上计算方法，但建议采用水工模型试验实测资料或相关工程原型观测资料进行进一步的验证。

2. 溅水区

由于受水舌入水及自然风所形成的下游水面波动等的影响，实际的溅水问题存在着一定的随机性，包括水滴入水前的随机性、碰撞过程中的随机性及水滴溅抛过程中的随机性。但为工程应用起见，下面仍用确定性的方法对溅水问题进行研究。

1）水滴与水面的碰撞

（1）碰撞过程的描述。水具有易变形的特性。水滴在与水面的碰撞过程中必然会产生一系列变形行为。Engle[10]、王翔[9]及蔡一坤[11]曾分别对液滴与液面的垂直碰撞过程进行过研究，对以上实验成果进行综合分析，可得如下几点有关水滴与水面高速碰撞的认识：①在碰撞过程中，水滴将由球形变成碰撞初期平底陡壁状的圆柱形，并进而迅速变成半球形，至最大冲坑形成后，又进一步被压缩直至破裂成两部分。破裂水滴的一部分以一定的速度溅抛脱离水面，而另一部分则带起一股水柱，并重新返回至碰撞点附近；②碰撞前的水滴仅有一部分溅抛起来，溅抛出的水滴质量比碰撞前水滴的质量要小，且溅抛出的水滴中还包含有原水面上的水体[11]；③在水滴与水面高速碰撞的过程中，随着水滴的变形在水面下将形成冲坑，其所形成的最大冲坑深度 H_m[10] 为

$$H_m = \sqrt{\frac{\sigma}{\rho g}} \left\{ \left[0.15 \left(\frac{\rho d u^2}{\sigma} \right)^2 \frac{gd}{u^2} - 311.49 \right]^{\frac{1}{2}} - 17.649 \right\}^{\frac{1}{2}} \quad (6.2.1)$$

式中 ρ、σ 分别为水的密度及表面张力系数；d 及 u 分别为碰撞前水滴的直径与入水速度；g 为重力加速度；④在与水面高速碰撞的过程中，水滴除形成冲坑外，还以压力波的形式将其能量向四周传播，此种压力波最后在阻尼作用下逐渐衰减、消失，将碰撞点下方压力波刚消失时的水深称为最大影响水深，试验成果表明[9]，压力波衰减的速度非常快，最大影响水深一般较小。

（2）碰撞的理论分析与实验验证。水滴与水面的碰撞过程非常复杂，下面对其建立一个近似的物理模型，其目的在于获得碰撞前后水滴运动特征量之间的近似表达式。

与上述水滴和水面垂直碰撞的描述相似，以入水速度 u_R 及入水角 θ_R 的水滴在与水面碰撞后，一方面将形成一个以速度 u_S 沿反射角 θ_S 方向运动的溅抛水滴，同时在水面上还将出现水柱。由于碰撞所带起的水柱基本上垂直于水面（本文用 η 反映其对水平方向动量的影响），因此如以 V、$\zeta_1 V$ 分别表示碰撞前的原有水滴及碰撞后的溅抛水滴的体积，则由与水面平行的水平方向的动量守恒可得

$$\rho V u_\mathrm{R} \cos\theta_\mathrm{R} = \eta\zeta_1\rho V u_\mathrm{S}\cos\theta_\mathrm{S} \tag{6.2.2}$$

在水滴与水面的碰撞过程中,能量也应是守恒的。如以 d_p 表示碰撞后溅抛水滴的等容直径,也即 $\zeta_1 V = \frac{1}{6}\pi d_\mathrm{p}^3$,并类似 Engle[10] 近似取上升水柱的重力势能 $U_1 = C_1\rho g d_\mathrm{p}^4$(对垂直碰撞,至最大冲坑时,$C_1 = \frac{\pi}{576}$[10]);碰撞过程中表面势能的变化为 $U_2 = C_2 d_\mathrm{p}^2\sigma$(对垂直碰撞,至最大冲坑时,$C_2 = 2.4513\pi$[10]);以及忽略碰撞过程中声能及耗散能[10],则由碰撞前后的能量守恒,有

$$\frac{1}{2}\rho V u_\mathrm{R}^2 = \frac{1}{2}\zeta_1\rho V u_\mathrm{S}^2 + C_1\rho g d_\mathrm{p}^4 + C_2 d_\mathrm{p}^2\sigma \tag{6.2.3}$$

对式(6.2.3)进行简化,得到

$$\frac{u_\mathrm{S}}{u_\mathrm{R}} = \frac{1}{\sqrt{\xi_1}}\sqrt{1 - \frac{12\xi_1}{\pi}\left(C_1\frac{g d_\mathrm{p}}{u_\mathrm{R}^2} + C_2\frac{\sigma}{\rho u_\mathrm{R}^2 d_\mathrm{p}}\right)} \tag{6.2.4a}$$

此外,如果碰撞前水滴的弗劳德数 $Fr_\mathrm{p} = \frac{u_R}{\sqrt{g d_\mathrm{p}}} \gg 1$,则可忽略表面张力的影响,式(6.2.4a)可进一步简化为

$$\frac{u_\mathrm{S}}{u_\mathrm{R}} = \frac{1}{\sqrt{\xi_1}} - \frac{6}{\pi}\frac{C_1}{\sqrt{\xi_1}}Fr_\mathrm{p}^{-2} \tag{6.2.4b}$$

式(6.2.2)与式(6.2.4)即构成了水滴与水面碰撞的简化模型,但其中的参数 ξ_1、C_1 及 C_2 与水舌入水条件及下游水垫的水力特性有关,需通过模型试验才能确定。为对式(6.2.2)与式(6.2.4)的正确性进行验证,分别将以上理论分析成果与垂直碰撞试验[9]、模型试验[8,12]及原型观测资料[9]进行了比较。研究成果表明,对于水滴与水面的垂直碰撞,在试验范围内($4.28 \leqslant Fr_\mathrm{p} \leqslant 15.9$)有

$$\frac{u_\mathrm{S}}{u_\mathrm{R}} = 0.4722 - 1.7883 Fr_\mathrm{p}^{-2} \tag{6.2.5a}$$

而对水滴与水面的斜碰撞,在原型观测与模型试验范围内($17.6 \leqslant Fr_\mathrm{p} \leqslant 193.6, 37.5° \leqslant \theta_\mathrm{R} \leqslant 55.9°$),有

$$\frac{u_\mathrm{S}}{u_\mathrm{R}} = 0.5545 + 343.17 Fr_\mathrm{p}^{-2} \tag{6.2.5b}$$

$$\theta_\mathrm{S} = 98.347° - 1.216\theta_\mathrm{R} \tag{6.2.5c}$$

2)溅抛长度的计算

水滴离开水面后,在重力、浮力与风阻力的作用下作反弹斜抛运动。根据气象学资料,毛毛雨与暴雨的粒径分布为 $[0.2, 3.0]$mm,因此将粒径大于 3mm 的溅抛水滴的入水(或落地)范围视为溅水区范围。事实上,运用喷灌定性滤纸进行试验,也得到溅水最远处的水滴粒径为 3mm 的结论[8]。

以水滴与水面的碰撞点为坐标原点,以 $X_\mathrm{p}, Y_\mathrm{p}, Z_\mathrm{p}$ 分别表示纵向(沿水舌风

方向),垂向及横向坐标,参照两相流理论[13],得到等容直径为 d_p,密度为 ρ_p 的水滴在密度为 ρ_f 的水舌风速场(U_{fx},U_{fy},U_{fz})中运动的控制方程为

$$\frac{d^2X_p}{dt^2} = -\frac{3}{4}\frac{\rho_f}{\rho_p}\frac{C_D}{d_p}\left| U_{px} - U_{fx} \right|(U_{px} - U_{fx}) \tag{6.2.6a}$$

$$\frac{d^2Y_p}{dt^2} = -\frac{3}{4}\frac{\rho_f}{\rho_p}\frac{C_D}{d_p}\left| U_{py} - U_{fy} \right|(U_{py} - U_{fy}) - \left[1 - \frac{\rho_f}{\rho_p}\right]g \tag{6.2.6b}$$

$$\frac{d^2Z_p}{dt^2} = -\frac{3}{4}\frac{\rho_f}{\rho_p}\frac{C_D}{d_p}\left| U_{pz} - U_{fz} \right|(U_{pz} - U_{fz}) \tag{6.2.6c}$$

式中 U_{px},U_{py},U_{pz} 分别表示水滴在 X_p,Y_p,Z_p 方向的运动速度,C_D 为阻力系数,其值与相对雷诺数 Re_d 有关,其一般表达式为

$$\begin{cases} C_D = \dfrac{24}{Re_d} & (Re_d \leqslant 0.2) \\[2mm] C_D = \dfrac{24}{Re_d}(1 + 0.15Re_d^{0.687}) & (0.2 < Re_d \leqslant 800) \\[2mm] C_D = 0.44 & (800 < Re_d \leqslant 2 \times 10^5) \end{cases} \tag{6.2.7}$$

考虑到溅激水滴的密度一般比周围空气的密度大几百倍,其直径又大于3mm,其在运动过程中与周围空气的相对速度很大,因而可取阻力系数 C_D 为常数。如果将水舌风速场(U_{fx},U_{fy},U_{fz})进一步简化为(U_w,0,0),认为水滴溅抛方向与纵向的夹角为 ψ,并将溅抛速度沿横向分布概化为

$$u_{0\psi} = u_0\cos\psi \tag{6.2.8}$$

在以上条件下对式(6.2.6)求解,得到相应于溅水纵向距离为最大时的溅水区范围如下

纵向距离

$$L_j = U_w T_m - \frac{d_p}{K_1}\ln\left[1 + K_1(U_w - u_0\cos\gamma)\frac{T_m}{d_p}\right] \tag{6.2.9}$$

横向尺度

$$D_j = 2\frac{d_p}{K_1}\ln\left[1 + K_1\cos\gamma\sin\alpha_m\frac{u_0 T_m}{d_p}\right] \tag{6.2.10}$$

式(6.2.9)~式(6.2.10)中溅水风速 U_w 与水舌入水处水舌风速有关;T_m 则为水团的溅抛时间;而

$$K_1 = \frac{3}{4}\frac{\rho_f}{\rho_p}C_D \tag{6.2.11a}$$

$$K_2 = 1 - \frac{\rho_f}{\rho_p} \tag{6.2.11b}$$

根据式(6.2.9)进行计算所得溅水长度 L_{jp} 与模型试验[8,12]及原型观测[9]相应溅水长度甚为一致。

3. 雾流扩散区

溅水区后的雾化水流是气-水两相流,其所造成的影响主要表现为雾化水流输运与发展过程中所形成的降雨及随后生成的雾化流。下面首先对挑流消能的雾流源量进行分析,其次以积云动力学方程组[14]为基础建立雾流扩散区的数学模型。

1) 挑流消能的雾流源量

挑流消能的雾流源量有两种,其一为挑流水舌外缘雾化区部分,其二为挑流水舌与下游水面碰撞后反弹溅抛所生成的雾源,我们称其为反弹溅抛雾源。

(1) 水舌外缘雾化区雾流源量。高速挑流水舌外缘雾化区含有细小水滴,一部分水滴随气流向下游飘移,另一部分则回落到水舌表面。研究表明,水舌外缘的雾化水流大约相当于气象上的浓雾(但含有少量水滴),如以 H^* 表示其最近点与水舌轴线之间的距离,以 H_2 表示水舌外缘最远点(也是水滴的最大抬升高度)与水舌轴线之间的距离,则得水舌雾化区雾流源量 Q_1 为

$$Q_1 = \int_{B_1}^{B_2} q_1(z)\mathrm{d}z \tag{6.2.12}$$

式中 B_1、B_2 为反映水舌横向宽度的坐标,q_1 为水舌雾化区单宽雾流源量,其计算式为

$$q_1 = \int_{H^*}^{H_2} u\beta\mathrm{d}y \tag{6.2.13}$$

而高速挑流水舌的单宽流量 q 则为

$$q = \int_{H_1}^{H_2} u\beta\mathrm{d}y \tag{6.2.14}$$

式中 H_1 为反映水舌下边界厚度的坐标,对以上各式进行整理,得到

$$q_1 = C_1 q \tag{6.2.15}$$

式中 C_1 为与挑流水舌特性有关的一个参数。

(2) 反弹溅抛雾流源量计算。一般来说,整体性好的射流其穿透能力强,雾化量也较小。可认为反弹溅抛的雾化量是水舌外缘区水流的连续性被破坏,以至于该区域水舌散裂成水滴(团),水滴(团)与下游水面碰撞后溅抛的结果。已有的原型观测资料表明,反弹溅抛区域是雾化流的暴雨中心,是雾化流最主要的雾源地。影响反弹溅抛雾流源量的因素很多,如水滴(团)的入水量,入水速度,入水角及下游水面波动情况等,但从机理上看,可将雾化现象视为水舌断面上含水浓度低于某一临界值 β_* 后产生的,含水浓度低于 β_* 的水流区域的含水总量即为水滴(团)的入水量,经反弹溅抛后从水滴(团)入水量中扣除留在下游水体中的水量得到可雾化量,可雾化量按溅激水滴(团)的粒径进行分配即可得到相应粒径水滴(团)的雾流源量。

以 V_A 与 V_B 分别表示碰撞后溅抛出及留在水体中的两部分水滴(团)体积,以 θ_m 表示水滴(团)入水角,试验资料表明,V_B 与 V_A 之比随 θ_m 而变化,也即

$$V_B = V_A f(\theta_m) \tag{6.2.16}$$

且有 $\theta_m \to 0$,$f(\theta_m) \to 0$,从而溅抛出的水滴(团)体积与入水水滴(团)体积之比为

$$\frac{V_A}{V_A + V_B} = \frac{1}{1 + f(\theta_m)} \tag{6.2.17}$$

考虑到反弹溅抛的雾流源量主要产生于水舌外侧,因而单位时间内水滴(团)入水总量 Q' 为

$$Q' = \int_{B_1}^{B_2}\int_{H_*}^{H^*} u\beta \mathrm{d}y\mathrm{d}z \tag{6.2.18}$$

式中 H_* 为水舌断面上含水浓度相应于临界含水浓度 β_* 的某点与射流轴线之间的距离。联立以上各式得到高速挑流水舌反弹溅抛的可雾化量为

$$Q'_2 = \int_{B_1}^{B_2}\int_{H_*}^{H^*} u\beta \mathrm{d}y\mathrm{d}z \frac{1}{1 + f(\theta_m)} \tag{6.2.19}$$

2) 雾流扩散区数学模型

在积云动力学方程组中,积云是一种由干空气、水汽、液态水和固态水共同构成的混合体,其中液态水和固态水对湿空气具有拖带作用。此外,在积云内,在水汽与云滴之间进行相变的同时还会出现相变潜热,其对积云的发展也起着重要作用。以 u_i 与 p 分别表示大气的运动速度与压强,以 q_v 表示单位质量空气中的水汽质量、用 q_1 表示单位质量空气中的液态水质量(也称液态水混合比),并用 q_s 表示水汽与云滴之间存在相变的饱和混合比,则一般的积云动力学方程组为

(1) 大气运动方程

$$\frac{\partial u_i}{\partial t} + u_j \frac{\partial u_i}{\partial x_j} = (1 - q_1)g_i - 2\varepsilon_{ijk}\Omega_j u_k - \frac{1}{\rho}\frac{\partial p}{\partial x_i} + \frac{\partial}{\partial x_j}\left(k_v \frac{\partial u_i}{\partial x_j}\right) \tag{6.2.20}$$

式中 g_i 为重力加速度,Ω_j 为地球自转角速度张量,k_v 为紊动扩散系数。

(2) 连续方程

$$\frac{\partial \rho}{\partial t} + u_j \frac{\partial \rho}{\partial x_j} + \rho \frac{\partial u_j}{\partial x_j} = 0 \tag{6.2.21}$$

(3) 湿空气状态方程

$$p = \rho R_d T(1 + 0.61 q_v) = \rho R_d T_v \tag{6.2.22}$$

式中 T_v 为虚温。

(4) 热力学方程

$$\frac{\partial T}{\partial t} + u_i \frac{\partial T}{\partial x_i} = \frac{1}{\rho c_p}\frac{\mathrm{d}p}{\mathrm{d}t} - \frac{L_e}{c_p}\frac{\mathrm{d}q_s}{\mathrm{d}t} + \frac{\partial}{\partial x_j}\left(k_T \frac{\partial u_i}{\partial x_j}\right) \tag{6.2.23}$$

式中 c_p 为空气的定压比热;L_e 为蒸发潜热,k_T 为温度的紊动扩散系数。

(5) 水汽方程

$$\frac{\partial q_\mathrm{v}}{\partial t} + u_j \frac{\partial q_\mathrm{v}}{\partial x_j} = \frac{\mathrm{d} q_\mathrm{s}}{\mathrm{d} t} + \frac{\partial}{\partial x_j}\left(k_\mathrm{q} \frac{\partial q_\mathrm{v}}{\partial x_j} \right) \tag{6.2.24}$$

式中 k_q 为水汽的紊动扩散系数。

(6) 液态水方程

$$\frac{\partial q_1}{\partial t} + u_j \frac{\partial q_1}{\partial x_j} = \omega \frac{\partial q_1}{\partial x_3} - \frac{\mathrm{d} q_\mathrm{s}}{\mathrm{d} t} + \frac{\partial}{\partial x_j}\left(k_\mathrm{q} \frac{\partial q_\mathrm{v}}{\partial x_j} \right) \tag{6.2.25}$$

式中 ω 为水滴的沉速。除以上方程外,还需考虑土壤热传导方程、地面能量平衡方程、长波辐射以及太阳短波辐射方程等。

在高坝泄洪过程中,局部区域的含水浓度(水汽含量)大大超过了运动大气的挟带能力,由此将形成附加的降雨与雾流扩散。由于这种附加的降雨与雾流扩散叠加在原有的大气环境之上,因此真实的泄洪雾化物理机制比自然降雨要复杂得多。为对泄洪所形成的水汽运动进行描述,做如下简化:

(1) 泄洪所形成的气流由水汽和液态水组成,在雾流降雨区,水汽已经饱和,水汽与液态水之间不存在相变现象;而在雾化流区,不存在液态水,水汽表现为饱和状态下的输送;

(2) 不考虑气流中温度、密度随时间与空间的变化;

(3) 雾流降雨的水平尺度一般为 $L = 100 \sim 1000\mathrm{m}$,气流运动速度一般为 $U = 1 \sim 10\mathrm{m/s}$,地球自转角速度 $\Omega = 10^{-5}\mathrm{s}^{-1}$,因此惯性力与折向力之比,也即 Rossby 数为 $R_O = \dfrac{UL}{\Omega} \approx 10 \sim 100$,从而可忽略折向力的作用;

(4) 采用 Boussinesq 模式对气流、液态水与水汽的紊动扩散进行描述。

由此得到简化后的泄洪雾化雾流降雨三维数学模型为

(1) 气流运动方程

$$\frac{\partial u_i}{\partial t} + u_j \frac{\partial u_i}{\partial x_j} = -\frac{1}{\rho}\frac{\partial p}{\partial x_i} + \frac{\partial}{\partial x_j}\left(\nu_\mathrm{T} \frac{\partial u_i}{\partial x_j} \right) \tag{6.2.26}$$

(2) 连续方程

$$\frac{\partial u_i}{\partial x_i} = 0 \tag{6.2.27}$$

(3) 液态水含水浓度方程

$$\frac{\partial s_\mathrm{V}}{\partial t} + u_j \frac{\partial s_\mathrm{V}}{\partial x} = \frac{\partial}{\partial x_j}\left(\nu_\mathrm{Ts} \frac{\partial s_\mathrm{v}}{\partial x_j} \right) + \omega \frac{\partial s_\mathrm{V}}{\partial x_3} \tag{6.2.28}$$

对宽浅河谷,如以气流(上游大气来流与水舌风)方向为纵向(x),以 y 与 z 分别表示横向与垂向坐标,作为初步估算,还可进一步假设:

(1) 雾化水流受紊动扩散、对流输运与雾滴沉降综合影响,其运动恒定;

(2) 雾化水流纵向对流输运远大于纵向扩散输运。

则雾流降雨区液态水含水浓度方程控制方程可进一步简化为

$$U_u \frac{\partial S_V}{\partial x} = \frac{\partial}{\partial y}\left(\nu_{Ty} \frac{\partial S_V}{\partial y}\right) + \frac{\partial}{\partial z}\left(\nu_{Tz} \frac{\partial S_V}{\partial z}\right) + \omega \frac{\partial S_V}{\partial z} \qquad (6.2.29)$$

边界条件：

上、下边界

$$\nu_{Tz} \frac{\partial S_V}{\partial z} + \omega S_V \big|_{z=H_u} = 0$$

$$\omega \frac{\partial S_V}{\partial z} \big|_{z=0} = 0 \qquad (6.2.30)$$

上游边界

$$S_V \big|_{x=0} = S_{V0}\exp\left[-\frac{1}{A}\left(\frac{y}{H_u}\right)^2\right]\exp\left(-\frac{\omega}{\nu_{Tz}}z\right) \qquad (6.2.31)$$

运用分离变量法求解，得到其解为

$$S_V = \sqrt{\frac{A}{4E_yX+A}}\exp\left(-\frac{Y^2}{4E_yX+A}\right)\exp\left(-\frac{E_\omega}{E_z}Z\right)$$

$$\sum_{n=1}^{\infty}C_n\exp(-\lambda_nX)\left(\cos\beta_nZ + \frac{E_\omega}{2E_z\beta_n}\sin\beta_nz\right) \qquad (6.2.32)$$

式中

$$C_n = \frac{2S_{V0}K_1\beta_n^2}{\left(\beta_n^2+\frac{1}{4}K_1^2\right)\left(\beta_n^2+\frac{1}{4}K_1^2+K_1\right)} \qquad (6.2.33)$$

$$K_1 = \frac{E_\omega}{E_z} \qquad (6.2.34)$$

$X=\frac{x}{H_u}$，$Y=\frac{y}{H_u}$，$Z=\frac{z}{H_u}$ 分别为以雾流高度无量纲化后的坐标值，$E_y=\frac{\nu_{Ty}}{U_uH_u}$，

$E_z=\frac{\nu_{Tz}}{U_uH_u}$，$E_\omega=\frac{\omega}{U_u}$ 分别为以水舌风速和雾流高度无量纲化后的横向、垂向扩散系数与雾滴沉速。

式(6.2.32)与式(6.2.33)中 β_n，λ_n 分别由以下两式确定

$$2\cot\beta_n = \frac{\beta_n}{E_\omega/2E_z} - \frac{E_\omega/2E_z}{\beta_n} \qquad (6.2.35)$$

$$\lambda_n = \left[\beta_n^2+\frac{1}{4}\left(\frac{E_\omega}{E_z}\right)^2\right]E_z \qquad (6.2.36)$$

地面降雨强度为

$$P(x,y) = \omega S_V \big|_{z=0} \qquad (6.2.37)$$

在计算过程中，U_u 应取为水舌风与上游大气来流合成的风速；雾滴粒径分布取为 0.2～3mm，将此粒径段分成众多的粒径组，每组粒径所生成的降雨分别计算，经过累加，即得总雨量。对深窄峡谷区中的雾化水流，或宽阔河谷区复杂泄

流方式所形成的雾化水流,应采用雾深平均模式计算雾流降雨量。

雾化区内的雾流运动主要受对流及紊动扩散作用所支配,不必考虑雾滴的沉降效应,其内雾流运动可采用紊流模型进行计算。考虑到高坝泄流的溢流坝段较长,雾流高度也较高,因此雾化区内的雾流运动也可采用面源扩散模式进行近似估算。

以 H 和 W 分别表示雾化流的高度与宽度,以 x、y 与 z 分别表示纵向、横向和垂向坐标,由面源扩散模式得到距地面高为 z_0 的某点的含水浓度为

$$\bar{\beta}(x, y, z_0) = \frac{q}{\pi u_w \sigma_y \sigma_z} \exp\left(-\frac{y^2}{2\sigma_y^2}\right) \int_0^H \exp\left[-\frac{(z_0 - z)^2}{2\sigma_z^2}\right] dz \quad (6.2.38)$$

式中 q 为雾化流的源量强度;u_w 为风速;σ_y 与 σ_z 为雾化流含水浓度在 y、z 方向分布的标准差,可参考大气污染计算中的帕斯奎尔(Pasquill)曲线[15]来确定。

6.2.4 挑流消能雾化水流的模型试验与原型观测

1. 雾化水流的物理模拟

雾化水流的形态非常复杂,单纯的理论分析与计算不可能完全反映雾化水流的各种影响因素,例如,对碰撞消能条件下的雾化水流形态目前就较难进行精度足够高的数值计算,因而需要借助于物理模拟(包括水工模型试验和风洞试验)。然而,雾化水流的发展过程又并非单一的单相流或两相流,而是水-气两相流、气-水两相流及水团与水面碰撞反弹溅抛等多种流动形态的组合。因此,试图用一种模型比尺及一种模型来模拟雾化水流发展的全过程是不太可能的。但是,对雾化水流的某一流段,可以建立相应的物理模型来对其进行模拟。例如,南京水利科学研究院[16]曾进行过大比尺的小湾水电站溅水范围的水工模型试验,我们在风洞中也曾进行过三峡水电站、隔河岩水电站和漫湾水电站等工程雾流扩散区的模型试验,均取得了较好的成果。

1) 水工模型试验

(1) 模型比尺与模型率。在溅水区的模拟中,由于要模拟水体的散裂、破碎、碰撞及掺气,模型比尺应尽可能采用大比尺。就模型率来看,不仅要满足重力相似,而且要考虑到反映水流表面张力的韦伯数 We 的相似问题。韦伯数的表达式为

$$We = \frac{\rho R V^2}{\sigma} \quad (6.2.39)$$

式中 σ 为表面张力系数,V 为特征速度,R 为特征长度。考虑到水舌在空中运动时,其纵向运动轨迹的曲率半径较大,表面水体容易在纵向失稳,因此特征长度可取为水舌纵向轨迹的曲率半径。试验成果表明[16],当 $We > 500$ 后,溅水区雾化水流的模型率可仅考虑重力相似。

(2) 测试技术。雨量测量：在降雨强度大的区域用雨量筒法，降雨强度小的区域用斑痕法，即用雨滴谱滤纸测定雨滴斑痕直径，然后按气象部门的率定标准换算成空中的雨滴直径。表 6-1 给出了雨滴斑痕直径 D 与雨滴空中直径 d 的关系，两者的近似拟合关系为

$$d = 0.33D^{0.14} \qquad (6.2.40)$$

式中 D 和 d 的单位均为 mm；风速：用风速仪测量；水滴抛射角：用滴谱斑点图反算确定。

表 6-1 雨滴斑痕直径 D 与雨滴空中直径 d 的关系

d/mm	D/mm	d/mm	D/mm
0.2	0.51	2.2	12.98
0.4	1.31	2.4	14.60
0.6	2.24	2.6	16.27
0.8	3.31	2.8	17.99
1.0	4.47	3.0	19.74
1.2	5.72	3.2	21.54
1.4	7.05	3.4	23.38
1.6	8.44	3.6	25.26
1.8	9.90	3.8	27.17
2.0	11.40	4.0	29.12

2) 风洞试验

雾流扩散区的雾化水流运动可在风洞中进行试验，其模型率可考虑为雾流源量相似和驱动雾化水流的气流运动相似。在试验过程中，按几何相似模拟水利枢纽上、下游的地形，根据溅水区末端的雾化水流状态，按相应的模拟准则来确定模型中雾流的含水浓度、水滴粒径分布和风速（模拟大气来流和水舌风的作用），在模型进口喷相应的水雾，水雾在气流的挟带下形成雾流。通过测量雾流的速度分布、含水浓度及降雨强度的分布，最终确定雾流的影响范围和雨量分布。

2. 雾化水流的原型观测

原型观测是认识雾化水流特性和解决工程问题的重要手段，也是雾化水流数值计算与物理模型试验成果正确与否的验证手段。但就目前的技术水平来看，对雾化水流进行原型观测的难度很大，要取得精确数据颇为不易，以至于许多观测数据往往是一个大概数。尽管如此，所取得的原始数据仍不失为对雾化水流进行理论分析工作的基础，同时也是衡量预测方法可靠性的重要依据。乌江渡水电

站[17]、东江水电站[18]、二滩水电站[19]、凤滩水电站[20]、刘家峡水电站、漫湾水电站和白山水电站等雾化水流的原型观测取得了许多十分宝贵的资料,为雾化水流的研究提供了重要条件。

虽然雾化水流的影响因素众多,但已有的泄流雾化研究成果表明,雾化水流与水利枢纽上、下游水位差,泄流量,枢纽总体布置及下游地形关系最为密切。我们将主要影响因素相近的工程称为泄流雾化同类型工程,并曾先后进行过乌江渡、东江、凤滩、刘家峡与漫湾水电站的雾化水流原型观测资料反馈计算。反馈计算成果表明,尽管以上工程在枢纽布置、泄流条件与下游地形等方面差异很大,但预报成果与原观成果均甚为一致,表明本章所介绍的雾化水流预报方法具有较好的预报能力。

6.3　底流消能雾化水流

一般来讲,底流消能所引起的雾化问题不太严重,因此有关底流消能雾化水流的研究工作相对较少[21]。但如水利枢纽附近存在雾化水流对其可能有影响的重要设施,则仍需评估雾化水流的影响程度[21,22]。

从底流消能雾化水流的发展过程可将其分为两个阶段,其一为雾源生成段,其二为雾流扩散段。底流消能雾流扩散段雾化水流的数学模型与计算方法可参考挑流消能雾流扩散段雾化水流的数学模型与计算方法,下面仅对底流消能雾源量的估算进行介绍。

底流消能的雾源有两种,其一为坝面溢流自然掺气形成的雾源;其二为水跃区生成的雾源。

6.3.1　坝面溢流自然掺气形成的雾源

溢流坝面上的水流出现掺气之后,依据速度与含水浓度沿垂向的变化可将其分为上、中、下三层,各层运动特征如下:①上层:水滴在空气中运动,属气流挟带水滴的雾化流。②中层:气泡在水流中运动,属水-气混合流。③下层:不含气的水流运动,该层厚度随水流掺气程度的增加而减小。要确定坝面溢流自然掺气形成的雾源,首先必须确定:①掺气断面的位置;②水滴最大抬升高度;③含水浓度沿垂向的分布。

1) 掺气断面的位置

第3章已对高速水流的掺气机理进行了简要介绍,可参考用式(3.1.4)判断水气交界面失去稳定性的起始断面位置;并通过对溢流边界层的计算得到紊流边界层发展到水面的位置;将以上两种计算成果进行比较,取其离坝顶更远的断面作为掺气起始断面。

2) 水滴最大抬升高度

水气交界面失去稳定性后,出现不稳定波坍塌,将空气卷入水流中。与此同时,由于水流垂向脉动的作用导致水滴脱离水面跃入空气中,随后一方面沿纵向运动,一方面因重力的作用而回跌至水流中,其中部分水滴还将被气流带走形成雾化流。根据试验成果得到水滴抬升的最大高度$(h_a - H)$为

$$\frac{h_a - H}{H} = 1.75i \tag{6.3.1}$$

式中 H 为相当于清水水流的水深;h_a 为含气浓度为 0.95 的点的垂向坐标;i 为底坡。

3) 含水浓度沿垂向的分布

根据试验成果[23],对水面以上的雾化流,其含气浓度 $\bar{C}$ 为

$$\bar{C} = \frac{1}{2}\left[1 + \mathrm{erf}\left(\frac{z/H - 1}{h_a/H - 1}\right)\right] \tag{6.3.2}$$

式中 z 为垂向坐标,erf 为误差积分。

从能量的观点来看,一种气流只能挟带一定大小和一定数量(可用含水浓度来表示)的水滴,超过气流挟带能力的水滴将重返水流中。因此,坝面溢流雾化区的单宽可雾化量 q_1 为

$$q_1 = \int_H^{h_a} u_a(1 - \bar{C})\mathrm{d}z \tag{6.3.3}$$

式中 u_a 为水面以上的气流运动的纵向速度。

6.3.2 水跃区生成的雾源

水跃区水流掺气强烈,水跃的挟气过程如下:从溢流水舌和水跃表面漩滚交界面(即剪切面)开始,空气受水流的围裹而进入其中。由于剪切面的不稳定性,部分空气掺混至主流中,而绝大部分空气则通过水跃表面漩滚的作用从水面逸出。在空气以气泡的形式从漩滚表面逸出的过程中,部分水滴也将被挟带而进入空气中,这是水跃区雾源形成的主要因素之一。此外,由于水跃漩滚中紊动特别强烈,其垂向脉动也能将一部分水滴抛出水面。

近似认为水跃区水面以上含气浓度 C_j 的分布近似符合式(6.3.2),也即

$$C_j = \frac{a}{2}\left[1 + \mathrm{erf}\left(\frac{z/H - 1}{h_a/H - 1}\right)\right] \tag{6.3.4}$$

式中 a 系与水跃漩滚表面含气浓度有关的一个系数,H 为水跃表面的垂向坐标,h_a 为水跃区水滴最大抬升高度。水跃区沿水跃长度平均的单宽可雾化量 q_2 为

$$q_2 = \frac{1}{L}\int_0^L \int_{H(x)}^{h_a(x)} u_w(x)[1 - C_j(x)]\mathrm{d}z\mathrm{d}x \tag{6.3.5}$$

式中 u_w 为水跃区水滴运动的纵向速度,L 为水跃长度。

6.4 雾化水流的危害与防范

雾化水流的危害是多方面的,其危害主要有:对发电和电器设备的影响、对航运的影响、对两岸边坡稳定性的影响及对交通和居民生活的影响等。对雾化水流危害的预测,应在规划设计阶段进行,属水利枢纽总体布置优化的重要内容。如果在水利枢纽的规划阶段即能较准确地预估雾化水流的影响范围与影响程度,将建筑物布置于雾化水流的影响范围之外,或采取切实可行的工程措施,则可减小甚至避免雾化水流的危害。

6.4.1 雾化水流对发电与电器设备的影响

雾化水流对发电与电器设备的影响,主要表现在两方面:其一是对电厂安全运行的影响,一般来讲,电厂厂房及变电站应避免处于雾化水流的强暴雨区,否则倾盆大雨可能造成重大事故。例如,某水电站为岸边引水式厂房,厂房布置在左岸,位于河道的峡谷出口,且处于大峡沟与河道交汇处,厂房的纵轴线与坝轴线呈21°31′交角,距大坝约120m。在下泄50年一遇洪水时,由挑流而产生的雾化水流沿地形开阔的大峡沟方向扩散,由于右岸是高山,雾流受阻,导致全部雾化水流向左岸发展,使得整个厂区被浓雾笼罩,形成倾盆大雨。虽经积极排水和在厂门前筑坝挡水,终因水量太大,排水泵被淹、厂房进水、发电机层水深达3.9m,发电机组和设备均被淹没,导致全厂停电数十天,损失巨大。

另一方面是对电气设备的影响。当相对湿度大于65%时,任何物体表面均附有一层约$0.001\sim0.01\mu m$的水膜,其厚度随相对湿度的增加而增加;当相对湿度接近饱和时,水膜厚度可达几十微米,进而导致产品电器绝缘的表面电阻的大大降低。对污秽地区,毛毛雨使产品表面形成一层污染水层,最易导致绝缘闪络。

6.4.2 雾化水流对航运的影响

雾化水流对航运的影响,涉及水利、气象和航运等方面的内容,需将水利工程中的"雾化水流"、气象上的"雾"和船舶航行的"能见度"统一起来[24]。

雾化水流对航运的不利影响主要有两个方面,一是雾化水流形成的高强度降雨不利于船舶航行;另一方面雾化水流中的雾流也能大幅度降低船只航行的能见度。

表6-2给出了气象学中雾的浓度与能见度之间的关系。

表 6-2 能见度表

名称	含水量	能见度/m
浓雾	$5\sim6g/m^3$	$200\sim500$
中雾	$0.5\sim1g/m^3$	$500\sim1000$
淡雾	$0.02g/m^3$	$1000\sim10000$
降雨	$16mm/h$	<50

6.4.3 雾化水流对两岸边坡稳定和交通的影响

当两岸边坡处于雾化水流的影响范围内,有两种可能存在,一是暴雨直接冲击边坡,造成边坡冲蚀;二是小雨与浓雾掩盖边坡,如泄流时间过长,则在长期雨水侵蚀下,边坡的稳定也会受到影响,因而需要对边坡采取加固措施。

雾化水流影响进场公路或库区其他交通,也是许多水电站在泄流时遇到的问题。

6.4.4 雾化水流对附近居民生活的影响

雾化水流对居民生活的影响,主要是交通问题及空气中湿度过大的问题。如泄流时浓雾笼罩在居民生活区,由于"雾"的作用,局部区域的相对湿度将增加,以至于在不少的时间内湿度达到或接近饱和状态。此外,"雾"中往往还含有粘粒,对居民的健康显然不利,因此,应尽可能避免将居民区设在雾化区内。

泄流期间还将产生噪声,根据我们在凤滩水电站进行的原型观测,其噪声的分布大致为:水舌挑距范围内,噪声较大,超过 100dB,不宜居民生活;水舌入水点下游 50m 范围以外,声强大大减弱,噪声无大影响。

参 考 文 献

1 武汉水利电力学院.雾化课题调查报告,1985 年 11 月

2 梁在潮等.坝下游雾化问题的研究.武汉水利电力学院研究报告,1985

3 梁在潮.雾化水流理论.中国水利水电工程技术进展.北京:海洋出版社,1999

4 Liu Shihe, Liang Zaichao, Hu Minliang. Simulation of the atomized flow in hydroelectric engineering. XXIX IAHR Congress Proceedings, Theme D, 2001. II:734~739

5 刘士和,梁在潮.水利枢纽中雾化流的模拟与防范.武汉大学学报(工学版),2001,34(3)

6 Liu Shihe. Study of the atomized flow in hydraulic engineering. J. Hydrodynamics, 1999, 77~83

7 刘士和,梁在潮.水利枢纽泄流雾化问题研究.中国水利水电工程技术进展,北京:海洋出版社,1999

8 李奇伟.库区雾化运动规律研究.武汉水利电力学院硕士论文,1985

9 王翔.挑流雾化溅水区范围的确定.武汉水利电力学院硕士论文,1989

10 Engle O G. Crater depth in fluid impacts. Journal of Applied Physics, 1966,37(4):1798~1808

11 蔡一坤.液滴和液面碰撞.力学学报,1989,21(3):273~279

12 刘永川.安康水电站厂区雾化预报.水电部西北水科所研究报告,1988

13 梁在潮,刘士和等.多相流与紊流相干结构.武汉:华中理工大学出版社,1994

14 王明康.云和降水物理学.北京:科学出版社,1991

15 郝吉明,马广大等.大气污染控制工程.北京:高等教育出版社,1989

16 陈惠玲.小湾水电站泄洪雾化研究.云南水力发电,1998,14(4):51~55

17 中南勘测设计院等.乌江渡水电站高速水流原型观测成果总报告.北京:水利电力出版社,1983

18 高季章等.东江水电站溢洪道泄洪雾化原型观测报告.中国水利水电科学研究院研究报告,1993

19 刘之平等.二滩水电站高双曲拱坝泄洪雾化原型观测报告.中国水利水电科学研究院,2000

20 胡敏良.挑流水舌雾化的研究.中国水利水电工程技术进展.北京:海洋出版社,1999

21 梁在潮.底流消能雾化的计算.水动力学研究与进展,1994,9(5)

22 王善达.底流消能泄洪水流雾化影响之研究.中国水利水电工程.北京:海洋出版社,2004

23 L G Straub, A V Anderson. Experiments on self-aerated flow in open channels. J. Hydraulics Division, ASCE, Hy7.

24 陆中汉等.实用气象手册.上海:中国辞书出版社,1982

第7章 高速水流的流激振动

7.1 概　述

高速水流紊动强烈,有可能导致处于其内或以其为过流边界的结构的振动甚至破坏。流激振动涉及水流、结构及其相互作用,属水弹性振动问题。下面简要介绍其模拟方法。

7.2 流激振动的物理模拟

由于在荷载空时相关的确定,流固耦联效应的反映等方面的复杂性,通过单纯的水力模拟或数值计算目前还难以准确地了解结构对流激振动的响应,一般还需通过物理模拟,即通过水弹性模型进行研究。

水弹性模型试验要求同时满足荷载(包括动荷载)输入相似及结构动力响应相似,并要求同时满足水力学条件及结构动力学条件相似。

1. 水力学条件相似

一般水工模型试验考虑了三方面的相似:几何相似、运动相似与动力相似。由于对水流运动起控制作用的力不同,相应的模型率也相异。在带有自由水面的模型试验中,用得较多的是重力相似(即弗劳德数相似)。值得一提的是,此时的重力相似是对时均意义下的水流运动而言的,对高速水流的流激振动问题,不仅要求水流的时均运动相似,而且其动水作用力,也即原、模型中的脉动壁压也必须相似。对脉动壁压的相似条件,目前的认识还不统一,其原因除了脉动壁压问题本身的复杂性外,各家所用的脉动壁压信号分析与处理方法以及所用压力传感器也不尽相同。比较公认的是,对于由水流分离等所形成的脉动壁压,其主要受低频大尺度漩涡运动所控制,在雷诺数足够大的模型中,脉动壁压可按重力相似进行模拟。此时水流脉动壁压与脉动流速各特征量的相似比尺与模型的几何长度比尺 λ_L 之间存在如下关系:

脉动壁压幅值比尺:　　　　　　　$\lambda_p = \lambda_L$　　　　　　　(7.2.1)

脉动壁压频率比尺:　　　　　　　$\lambda_f = \lambda_L^{-0.5}$　　　　　　(7.2.2)

脉动流速比尺:　　　　　　　　　$\lambda_v = \lambda_L^{0.5}$　　　　　　(7.2.3)

时间比尺:　　　　　　　　　　　$\lambda_t = \lambda_L^{0.5}$　　　　　　(7.2.4)

2. 结构动力学条件相似

结构动力学条件相似与结构的频率、振型及阻尼等有关,其要求结构的运动状态和产生运动的条件相似,包括几何条件相似、物理条件相似、运动条件相似和边界条件相似。

几何条件相似指原型和模型不仅在尺寸、长度、体积上相似,而且其线应变、角应变与线位移满足如下比尺:

线应变比尺:$\lambda_\varepsilon = 1$ (7.2.5)

角应变比尺:$\lambda_\theta = 1$ (7.2.6)

线位移比尺:$\lambda_u = \lambda_L$ (7.2.7)

物理条件相似要求原型和模型在结构材料的力学特性及受力后所引起的变化方面必须相似。在线弹性范围内,根据弹性力学的物理方程,原型和模型在泊松比、正应力与切应力上必须满足如下比尺要求:

泊松比比尺:$\lambda_\mu = 1$ (7.2.8)

正应力比尺:$\lambda_\sigma = \lambda_E \lambda_\varepsilon$ (7.2.9)

切应力比尺:$\lambda_\tau = \lambda_G \lambda_\theta$ (7.2.10)

运动条件相似要求结构的运动状态和产生运动的条件相似。根据结构在外加时均荷载 $\bar{p}$ 及脉动荷载 p 的共同作用下的运动方程,得到原型和模型在刚度、阻尼、弹性模量、外加荷载幅值与结构频率上应满足的比尺要求:

刚度比尺

$$\frac{\lambda_E \lambda_L \lambda_u}{\lambda_p \lambda_L^2} = 1 \tag{7.2.11}$$

阻尼比尺

$$\frac{\lambda_c \lambda_u}{\lambda_p \lambda_L^2 \lambda_t} = 1 \tag{7.2.12}$$

结构质量比尺

$$\frac{\lambda_{\gamma s} \lambda_L^3 \lambda_u}{\lambda_p \lambda_L^2 \lambda_t^2} = 1 \tag{7.2.13}$$

附加水体质量比尺

$$\frac{\lambda_{\gamma w} \lambda_L^3 \lambda_u}{\lambda_p \lambda_L^2 \lambda_t^2} = 1 \tag{7.2.14}$$

脉动荷载比尺

$$\frac{\lambda_{\bar{p}} \lambda_L^2}{\lambda_p \lambda_L^2} = 1 \tag{7.2.15}$$

一般常规试验采用的流体是与原型相同的水,其容重比 $\lambda_{\gamma w} = 1$,此时有

$$\lambda_{\gamma s} = 1 \tag{7.2.16}$$

$$\lambda_c = \lambda_L^{2.5} \quad 或 \quad \lambda_\xi = 1 \tag{7.2.17}$$

$$\lambda_E = \lambda_L \tag{7.2.18}$$

边界条件相似包括边界约束条件及边界受力条件等的相似。边界受力条件相似要求作用于边界上的脉动荷载必须相似,只要水力学条件相似,这一条件即能满足。至于边界约束条件相似,对于水利工程中的结构振动问题而言,涉及的是原、模型中的基础模拟范围、试验结构与相邻结构的处理相似。

综上所述,水弹性相似可按重力相似来模拟脉动荷载,同时要求待研究结构的模型材料满足大密度($\lambda_{\gamma s} = 1$)、低弹模($\lambda_E = \lambda_L$)、等阻尼比($\lambda_\xi = 1$)和等泊松比($\lambda_\mu = 1$),并合理选取水域与基础模拟范围,妥善处理试验结构与相邻结构之间的关系来保证原、模型在结构动力响应方面的相似。

Lean G. H.[1]曾用一个1:50的模型来研究隧洞出口边墙的水弹性问题,边墙用硬PVC加铜块以满足弹性及质量分布相似。

Harrison A. J. M.[2]曾用一个1:12的模型来研究虹吸溢洪道的流激振动问题,其用重力相似设计模型,并考虑了弹性及质量分布相似。

阎诗武[3]在深水弧门自振频率的研究中,其用铅块加重以保证质量及其分布的相似性。以后,在排沙洞工作弧门流激振动加速度及结构动应力的研究[4]中,又进一步考虑了刚度及其分布的相似性。

崔广涛等在多个工程水弹性振动的研究中[5],采用加重橡胶来模拟原型材料。而对于加重橡胶材料在阻尼比与泊松比方面不满足相似律的要求,则在有限元模拟中采用反馈分析来进行修正。

7.3 流激振动的数值模拟

在用数值模拟方法研究脉动壁压作用下水工结构的动力响应时,有如下三条基本假定:

(1)水流脉动壁压场是平稳各态历经的随机场;

(2)地基与结构体为线弹性体;

(3)地基与结构体在振动过程中,水流与结构体的动力耦合是线性的,属线性随机振动。

将结构离散成有限多个自由度的线性系统,其在随机荷载作用下的运动方程为

$$M_{ij} \frac{\mathrm{d}^2 V_j}{\mathrm{d}t^2} + C_{ij} \frac{\mathrm{d}V_j}{\mathrm{d}t} + K_{ij}V_j = P_i \tag{7.3.1}$$

式中 M_{ij} 为结构质量矩阵,其包含附加质量的影响;K_{ij} 为结构的刚度矩阵;C_{ij} 为结构的阻尼矩阵。P_i 为随机荷载分量;$\frac{\mathrm{d}^2 V_j}{\mathrm{d}t^2}$、$\frac{\mathrm{d}V_j}{\mathrm{d}t}$ 及 V_j 分别表示加速度、速度及

位移。

质量矩阵与刚度矩阵可由单元质量矩阵及单元刚度矩阵经过集合而建立,阻尼问题则相对较复杂,结构的阻尼矩阵不是由单元阻尼矩阵经过集合而得到的,而是根据已有的实测资料,由振动过程中结构整体的能量消耗来决定阻尼矩阵的近似值[6]。

对单自由度系统,利用自由振动振幅衰减的实测资料,可以决定阻尼比 ξ 为

$$\xi = \frac{\eta}{\sqrt{(2\pi)^2 + \eta^2}} \tag{7.3.2}$$

式中 $\eta = \ln \dfrac{V_i}{V_{i+1}}$ 为位移幅值的对数递减率。

考虑到大多数结构的阻尼比都很小,较多的 $\xi = 0.01 \sim 0.10$,一般都小于 0.20(根据国内外几十个水坝微震观测成果,得到各类坝的阻尼比 ξ 为[6]:拱坝 $0.03 \sim 0.05$;重力坝和支墩坝 $0.05 \sim 0.10$;土坝堆石坝 $0.10 \sim 0.20$。强震时阻尼比 ξ 有所增加,但其数值也不会很大。)。如取 $\sqrt{1-\xi^2} \approx 1$,则有

$$\xi = \frac{1}{2\pi}\eta \tag{7.3.3}$$

对于多自由度体系,对应于不同的振型,将有不同的阻尼比,其值也可通过实验测出来。如果假定阻尼力正比于质点的速度,单元阻尼矩阵则正比于单元质量矩阵;而如假设阻尼力正比于应变速度,单元阻尼矩阵则正比于单元刚度矩阵。因此,一般可采用如下线性关系计算阻尼矩阵,并将其称为瑞利阻尼

$$C_{ij} = \alpha M_{ij} + \beta K_{ij} \tag{7.3.4}$$

式(7.3.4)也即质量矩阵与刚度矩阵的线性组合,其中 α, β 为阻尼参数,其值和模态频率及阻尼比有关,其计算见文献[6]。

上述振动方程既可在时域内求解,也可利用频响函数和傅里叶变换在频域内求解。在频域内求解,得到的是反映结构响应统计特征的概率密度、功率谱密度、相关函数等。在时域内求解,一般运用模态分析法或直接(逐步)积分法,两者之间的区别仅在于描述运动的坐标选择不同。模态分析法利用解耦的方法来简化振动方程的计算,最后归结为几个单自由度体系振动方程的计算,而且不用建立阻尼矩阵,直接利用振型阻尼比即可。逐步积分法是振动方程初值问题的逐步法,按一定时间步长一步一步向前计算。值得注意的是,时间步长应比分析所需的最短自振周期要小得多,以满足对于 $\dfrac{\Delta t}{T}$(Δt:时间步长;T:自振周期)很小的振型积分的精度。此外,时间步长的选取还应考虑网格尺寸及随机荷载的频谱特性。

1)自振频率与振型的计算

在实际工程中,阻尼对结构自振频率与振型的计算影响不大,因此,略去阻尼力与随机荷载,得到无阻尼自由振动的控制方程为

$$M_{ij} \frac{\mathrm{d}^2 V_j}{\mathrm{d}t^2} + K_{ij} V_j = 0 \qquad (7.3.5)$$

设结构作下述简谐振动

$$V_j = \phi_j \cos(\omega t) \qquad (7.3.6)$$

则得特征方程为

$$K_{ij} - \omega^2 M_{ij} = 0 \qquad (7.3.7)$$

式(7.3.7)是关于频率 ω^2 的 n 次代数方程(n 为多自由度体系自由度的个数),对其求解,可得特征方程的 n 个特征值 $\omega_1, \omega_2, \cdots, \omega_n$(自振频率)和特征张量 ϕ_{1j}, $\phi_{2j}, \cdots, \phi_{nj}$(振型),各个振型之间是正交的。

2) 随机荷载作用下结构动力响应的计算

利用振型叠加来表示处于运动状态中的结构位移,也即

$$V_j = \phi_{ij} \delta_j \qquad (7.3.8)$$

式中 ϕ_{ij} 称为特征矩阵,δ_j 为广义坐标张量。根据振型的正交性,有

$$\phi_{ip}^{\mathrm{T}} M_{pq} \phi_{qj} = \begin{cases} 0 & i \neq j \\ m_i & i = j \end{cases} \qquad (7.3.9a)$$

$$\phi_{ip}^{\mathrm{T}} K_{pq} \phi_{qj} = \begin{cases} 0 & i \neq j \\ k_i & i = j \end{cases} \qquad (7.3.9b)$$

$$\phi_{ip}^{\mathrm{T}} C_{pq} \phi_{qj} = \begin{cases} 0 & i \neq j \\ c_i & i = j \end{cases} \qquad (7.3.9c)$$

式中 m_i, k_i, c_i 分别为广义坐标下的广义质量、广义刚度及广义阻尼。在瑞利阻尼的假定下,由定义(以下式(7.3.10)~式(7.3.15)各式中不对注标 j 求和)

$$\alpha + \beta \omega_j^2 = 2 \xi_j \omega_j \qquad (7.3.10)$$

振动方程可解耦为

$$\frac{\mathrm{d}^2 \delta_j}{\mathrm{d}t^2} + 2 \xi_j \omega_j \frac{\mathrm{d}\delta_j}{\mathrm{d}t} + \omega_j^2 \delta_j = f_j(t) \qquad (j = 1, 2, \cdots, n) \qquad (7.3.11)$$

式中 ω_j 为结构第 j 阶振型的频率;ξ_j 为结构第 j 阶振型的阻尼比;f_j 为结构第 j 阶振型的随机荷载分量,其值为

$$f_j(t) = \frac{1}{m_j} \phi_{jp}^{\mathrm{T}} P_p(t) \qquad (j = 1, 2, \cdots, n) \qquad (7.3.12)$$

式(7.3.12)对各阶模态都是独立的,对第 j 阶模态,其位移响应为

$$\delta_j(t) = \int_0^t h_j(t - \psi) f_j(\psi) \mathrm{d}\psi \qquad (j = 1, 2, \cdots, n) \qquad (7.3.13)$$

式中 $h_j(t)$ 为第 j 阶振型的脉冲响应函数。其为

$$h_j(t) = \begin{cases} 0 & t < 0 \\ \dfrac{1}{\omega_{\mathrm{d}j}} \exp(-\xi_j \omega_j t) \sin(\omega_{\mathrm{d}j} t) & t > 0 \end{cases} \qquad (j = 1, 2, \cdots, n)$$

$$(7.3.14)$$

式中

$$\omega_{dj} = \omega_j \sqrt{1 - \xi_j^2} \qquad (j = 1, 2, \cdots, n) \qquad (7.3.15)$$

一般的流激振动均以低阶振型为主,如果只考虑 q 个低阶振型,则得任一结点 k 的位移响应$(i = 1, 2, \cdots, n; j = 1, 2, \cdots, q)$为

$$V_k(t) = \sum_{j=1}^{q} \phi_{kj} \sum_{i=1}^{n} \phi_{ji} \int_0^t h_j(t - \psi) P_i(\psi) \mathrm{d}\psi \qquad (7.3.16)$$

如前所述,我们已假定随机荷载是各态历经的平稳过程,由式(7.3.16)可知,其位移响应也是平稳随机过程,因此可得结点 k 位移响应的自相关函数为

$$R_k(\tau) = E[V_k(t) V_k(t + \tau)] \qquad (7.3.17)$$

对上述自相关函数进行傅里叶变换,得到位移响应的功率谱密度函数为

$$S_{vk}(\omega) = \sum_{j=1}^{q} \sum_{l=1}^{q} \sum_{s=1}^{n} \sum_{m=1}^{n} \phi_{kj}\phi_{sj}\phi_{kl}\phi_{ml} S_{pim}(\omega) H_j^*(\omega) H_l(\omega) \quad (7.3.18)$$

式中

$$H_j(\omega) = \frac{1}{(\omega_j^2 - \omega^2 + i 2\xi_j\omega_j\omega) m_j} \qquad (7.3.19\mathrm{a})$$

$$H_l(\omega) = \frac{1}{(\omega_l^2 - \omega^2 + i 2\xi_l\omega_l\omega) m_l} \qquad (7.3.19\mathrm{b})$$

位移响应的均方值为

$$\sigma_{vk} = \int_0^\infty S_{vk}(\omega) \mathrm{d}\omega \qquad (7.3.20)$$

对于小阻尼体系,振型 l 与振型 j 的响应几乎是统计无关的。如果同时考虑各点随机荷载相互独立的情况,位移响应功率谱密度函数中的互谱密度项和振型交叉项为零,位移响应功率谱密度函数可简化为

$$S_{vk}(\omega) = \sum_{j=1}^{q} \sum_{i=1}^{n} \phi_{kj}^2 \phi_{ij}^2 S_{pii}(\omega) |H_j(\omega)|^2 \qquad (7.3.21)$$

求出单元中各结点的位移响应后,可根据下式确定应变

$$\varepsilon_i = \boldsymbol{B}_{ij} V_j \qquad (7.3.22)$$

再由应力与应变的关系求得应力

$$\sigma_i = \boldsymbol{D}_{ij}\varepsilon_j = \boldsymbol{D}_{ij}\boldsymbol{B}_{jk} V_k \qquad (7.3.23)$$

式中 $\boldsymbol{B}_{ij}$ 为应变矩阵,$\boldsymbol{D}_{ij}$ 为弹性矩阵。

7.4 水工结构的流激振动

结构设计一般包括静力(含静态优化设计)、动力及动态优化设计三个阶段。静力设计是满足结构安全运行的基础,动态设计的首要问题则是要求在动荷载作用下结构不发生共振。水工结构的流激振动与脉动壁压、结构自身及其相互作用

有关。减小结构振动的途径不外从减小脉动壁压及增强结构的抗振能力两方面入手。当水工结构的运行条件及基本体型已经确定后,则很难再从水流运动方面改善流激振动状况,对结构进行优化设计,从而控制振动必然成为解决强烈振动问题的有效措施。由于作用于结构上的脉动壁压场为随机场,通过改变结构的自振频率可以避开能谱曲线上主频率附近的高能区,此外,也可通过对结构响应的研究将振动控制在允许的范围内。由于材料工业的发展,结构设计理论的日益完善,现代结构大量采用高强材料及轻型结构,结构的流激振动问题更显突出。

7.4.1 导墙振动

水跃区强烈紊动所产生的脉动壁压有可能诱发消力池内分水隔墙和护坦的振动甚至破坏。其原因在于位于水跃区中的隔墙(导墙)承受很大的动水荷载(根据工程布置及闸门的开启状况,隔墙可能承受单面甚至是双面的脉动荷载),并使导墙产生随机振动。以前,人们往往认为导墙只起分水作用,两侧水压平衡,从而忽视了脉动壁压的作用。实际上,由于混凝土结构的抗拉强度小,在长期的运行过程中,常导致疲劳破坏。国内外已发现消力池中导墙破坏的工程实例有[7]:

(1) 美国得克萨斯州的苔克斯卡那(Texarkana)坝消力池中导墙的破坏。消力池隔墙与基础连接处发生断裂,除已弯曲成 90°的 8 根钢筋外,墙中所有钢筋均已断裂。破坏迹象表明:钢筋系因金属疲劳破坏所引起,且在隔墙倒塌前,曾发生过强烈的侧向振动。

(2) 美国加利福尼亚州的垂尼娣(Trinity)坝消力池导墙的破坏。检查发现:除消力池底部和隔墙有严重的冲蚀破坏外,由于疲劳破坏导致分水隔墙的上部倒塌。

(3) 美国新泽西州科罗拉多河蓄水工程的纳佛角坝消力池导墙的破坏。除了严重的冲蚀破坏外,导墙中不少钢筋弯曲甚至折断,沿导墙根部出现一排整齐的疲劳破坏裂缝。

(4) 前苏联的伏尔加水电站拦鱼墩为水流冲垮;巴帕津水利枢纽溢洪道消力池内作为检修用的分水墩的破坏;

(5) 我国大化水电站溢流坝闸墩的振动。在运行过程中观察到在某一流量范围内,闸墩出现显著振动,在过坝流量 $4400\text{m}^3/\text{s}$ 左右,闸门开度在 7m 左右,墩顶最大动位移大大超过闸墩的允许振幅值。

由此可见,处于消力池中的导墙等薄壁结构受到水跃区中脉动壁压的作用而导致疲劳破坏是一个现实问题,应引起重视。崔广涛等[5]利用水弹性模型实验研究过三峡水利枢纽厂坝隔(导)墙的泄洪振动;钱胜国等[8]利用水弹性模型实验对三峡水利枢纽左厂坝导墙的流激振动进行过研究;我们[9]也曾对高坝州水利枢纽升船机左侧导流墙流激振动利用物理模型试验、原型观测及数值计算进行过探讨。

7.4.2 坝体振动

坝体振动是涉及坝体-库水-地基耦合系统振动的复杂问题。谢省宗、吴一红等[10]对拉西瓦水电站拱坝坝身泄洪及水舌冲击水垫塘引起的坝身振动进行了研究,其结果表明:①该拱坝自振频率低,空库基频 2.16Hz,满库基频 1.74Hz,库水不但使频率降低,而且改变了振型分布,因此必须考虑库水对坝体-库水-地基耦合系统振动的影响;②对多组不同弹模与密度的地基材料下系统动力特性的计算表明,地基材料特性对拱坝系统的动力特性影响较大,因此,在水弹性模拟实验中必须采用与地基真实弹模和密度较接近的材料;③水舌冲击水垫塘诱发拱坝系统振动的动位移与动应力均较小。

7.4.3 溢流厂房与泄水陡槽的振动

与坝体振动及导墙振动不同,溢流厂房与泄水陡槽的振动不是强紊流脉动壁压场诱发的振动,而是属于紊流边界层脉动壁压作用下的结构振动。谢省宗等[7]曾对二滩重力拱坝方案溢流厂房的振动进行过研究,得出了各特征部位的均方根位移与应力,结果表明,高速水流的脉动壁压对溢流厂房的安全不构成很大威胁。曾昭阳[11]对乌江渡大型泄洪渡槽的流激振动也进行过研究,结果也表明,紊流边界层脉动壁压对大型轻型泄洪渡槽的动力响应十分微弱。此外,我国先后多次组织的对乌江渡、新安江溢流厂房与泄水陡槽振动的原型观测成果也表明,溢流时厂房的振动十分微弱。

7.4.4 闸门的振动

造成闸门振动的原因很多[7],有止水漏水引起的振动;底缘形式不良引起的振动;溢流水舌引起的振动等。与平板闸门相比较,弧形闸门结构轻巧,启闭力小且操作方便,因此,越来越多的弧形闸门被实际工程所采用。据统计[7],我国弧形闸门失事至少有 20 例以上,国外也有弧形闸门失事的报道。从国内、外现有弧形闸门振动研究资料来看,弧形闸门失事的关键因素是由于弧形闸门支臂的动力失稳所引起。

参 考 文 献

1 Lean G H. The vibration of a coffer dam wall near the axis of a jet. 11th long. IAHR. Leningrad, 1965

2 Harrison A J M. Model of siphon vibrations. 11th long. IAHR. Leningrad, 1965

3 阎诗武.新疆头屯河深水弧门振动试验研究报告.研究报告汇编,1966～1978.水工研究第一分册.水电部交通部南京水利科学研究所,1983

4 阎诗武,严根华.小浪底工程排沙洞工作弧门流激振动研究报告.南京水利科学研究院,1994

5 崔广涛等.二滩拱坝泄洪振动水弹性模型研究.天津大学学报,1991,(1):128～137

6　朱伯芳.有限单元法原理与应用.北京:中国水利水电出版社,2000

7　谢省宗等.泄水建筑物的压力脉动和振动问题.高速水流研究述评,水利水电泄水建筑物高速水流情报网,水利电力部东北勘测设计院科学研究所编,1986,36～54

8　钱胜国等.三峡水利枢纽左厂坝导墙水弹性模型流激振动试验研究报告.武汉:长江科学院,1998

9　孟吉福,刘士和,高坝州水利枢纽升船机左侧导流墙流激振动研究,武汉水利电力大学研究报告,2000

10　谢省宗,吴一红等,拉西瓦水电站拱坝坝身泄洪及水舌冲击水垫塘引起的坝身振动的研究,北京:中国水利水电科学研究院,1995

11　曾昭阳.水流脉动压力下结构的随机振动分析.水利学报,1983,1

第8章 急流冲击波与滚波

8.1 概　　述

急流与缓流在流动特征上有很大差别。在缓流中,扰动可以同时向上、下游传播;而在急流中,由于微波的传播速度小于水流运动的速度,任何扰动均只可能向下游传播。在实际工程中,由于地形的限制或工程上的需要,常需在泄水建筑物上布置一些扩散段、收缩段或弯道等,如果处于其中的水流为急流,则由于边界的变化将使水流产生扰动,使下游形成一系列呈菱形的扰动波,这种波称为急流冲击波。

在底坡坡度大于临界底坡坡度数倍的平直陡槽中,若槽身较宽,水深较浅,有时也会出现下述称为滚波的奇异现象,即每隔一段距离后,出现一个又一个波,其波前横贯渠槽,波速大于水流流速,时常还会出现较大的波追上较小的波及较小的波合并成较大的波。滚波的出现,使渠槽中的水流由恒定流变为非恒定流。

急流冲击波与滚波的产生使水面局部壅高,使边墙必须加高加固,从而提高了工程造价,同时,也使下游消能的难度增加[1~4]。

8.2　急流冲击波的形成及数学描述

8.2.1　急流冲击波的形成

急流具有很大的惯性,当遇到边墙偏转的阻碍,便使边墙受到冲击作用,边墙也对水流施加反力,迫使水流沿边墙转向,产生动量变化,造成水面的局部扰动。这种扰动以波的形式在明槽内传播。由于急流中微波传播的速度小于水流运动的速度,当扰动到达时水流已前进了一段距离,因此扰动的影响范围必然在扰动开始出现点的下游,并且随着离开边墙距离的增加而愈靠下游。这样在平面上便形成一条划分扰动区域的斜线,称为扰动线,也称为波峰(波前)。扰动线和原来水流运动方向的夹角 β_1 称为波角。当边墙向水流内部偏转时,扰动线以下的区域内出现水面壅高,而当边墙向水流外面偏转时,由于断面扩大,在扰动线以下区域将出现水面跌落。由此可见,边界的变化是急流中产生冲击波的外因,而急流的巨大惯性则是产生冲击波的内因。

根据急流冲击波波高的变化,可将其分为小波高冲击波与大波高冲击波两类。此两类冲击波具有不同的水力特征。

8.2.2 小波高急流冲击波的计算

下面对矩形断面明槽边墙向急流内部作微小偏转所形成的冲击波进行分析，如图 8-1 所示。

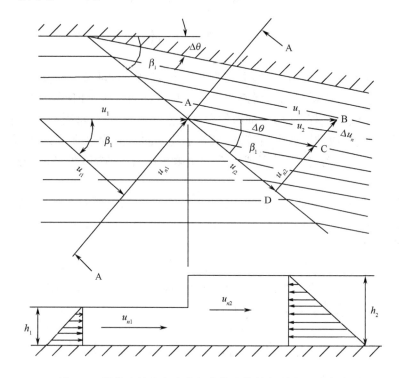

图 8-1 明槽边墙向急流内部作微小偏转所形成的冲击波

冲击波形成后，水流的水深、流速的变化及波角的大小显然与水流原来的性质及引起扰动的外在条件有关，前者可用扰动前水流的弗劳德数 Fr_1 表示，后者主要是边墙的偏转角 $\Delta\theta$。为探讨各水力要素之间的关系，作如下假定：

(1) 边墙的偏转角是微小的；

(2) 垂直于壁面方向的水流运动速度可以忽略；

(3) 沿垂线上各点的压强可按静水压强分布考虑；

(4) 壁面摩擦阻力可以忽略不计；

(5) 将波峰上游区概化成水深为 h_1，平行于壁面的流速为 u_1 的均匀流，同时将波峰下游区也概化成水深为 h_2，平行于壁面的流速为 u_2 的均匀流；

(6) 水深在波锋处是突变的。

分别以 u_{t1}、u_{n1} 和 u_{t2}、u_{n2} 表示 u_1、u_2 平行于波峰(扰动线)和垂直于波峰方向的速度分量，由于水深只在波峰的前、后有变化，而在平行于波峰方向的水流不受干扰作用,沿此方向的水流速度分量不应改变,即 $u_{t1} = u_{t2}$。下面着重研究垂直于波峰方向水力要素的变化。取单位长度的波峰,由连续方程,有

$$h_1 u_{n1} = h_2 u_{n2} = q \tag{8.2.1}$$

而对单位长度的波峰,由动量方程,有

$$\frac{\gamma}{g} q(u_{n1} - u_{n2}) = \frac{1}{2}\gamma(h_2^2 - h_1^2) \tag{8.2.2}$$

而由几何关系,有

$$u_{n1} = u_1 \sin\beta_1 \tag{8.2.3}$$

联立式(8.2.1)~式(8.2.3),经过简化,最后得到

$$\sin\beta_1 = \frac{\sqrt{gh_1}}{u_1}\sqrt{\frac{1}{2}\frac{h_2}{h_1}\left(\frac{h_2}{h_1} + 1\right)} \tag{8.2.4}$$

或

$$\sin\beta_1 = \frac{1}{Fr_1}\sqrt{\frac{1}{2}\frac{h_2}{h_1}\left(\frac{h_2}{h_1} + 1\right)} \tag{8.2.5}$$

式(8.2.4)与式(8.2.5)即为波角及水深变化与原有水力要素之间的关系。由式(8.2.5)可知,如果波高很小,以至于 $h_1 \approx h_2$,则有

$$\sin\beta_1 = \frac{1}{Fr_1} \tag{8.2.6}$$

也即对于微小干扰,波角主要由来流弗劳德数决定。

根据图 8-1 中速度矢量的几何关系,对三角形 ABC 运用正弦定理,可得

$$\frac{\Delta u_n}{u_1} = \frac{\sin(\Delta\theta)}{\sin(90° - \beta_1 + \Delta\theta)} \tag{8.2.7}$$

当偏转角很小时,将 $\Delta\theta$ 用 $\mathrm{d}\theta$ 表示,则有

$$\sin(\Delta\theta) \approx \mathrm{d}\theta \tag{8.2.8a}$$

$$\sin(90° + \beta_1 - \Delta\theta) \approx \cos\beta_1 \tag{8.2.8b}$$

去掉下标"1",得到

$$\mathrm{d}u_n = \frac{u}{\cos\beta}\mathrm{d}\theta \tag{8.2.9}$$

考虑到 $\mathrm{d}h = h_2 - h_1$,$\mathrm{d}u_n = u_{n2} - u_{n1}$,将其代入式(8.2.2),并略去高阶小量,得

$$\mathrm{d}u_n = \frac{g}{u_n}\mathrm{d}h \tag{8.2.10}$$

联立式(8.2.9)与式(8.2.10),并注意到 $u_n = u\sin\beta$,即可得到由于边墙的微小偏转所引起水深变化的微分方程为

$$\frac{\mathrm{d}h}{\mathrm{d}\theta} = \frac{u^2}{g}\tan\beta \tag{8.2.11}$$

如边墙逐渐偏转,其最终偏转角为 θ,可将其视为由一系列的微小偏转角所组

成，对式(8.2.11)进行积分，即可得到水深的变化。由于

$$\tan\beta = \frac{\sin\beta}{\sqrt{1 - \sin^2\beta}} \tag{8.2.12}$$

利用式(8.2.6)将式(8.2.12)改写为

$$\tan\beta = \frac{\sqrt{gh}}{\sqrt{u^2 - gh}} \tag{8.2.13}$$

根据壁面摩擦阻力可以忽略不计的假定，由伯努利方程，得到

$$u = \sqrt{2g(H - h)} \tag{8.2.14}$$

式(8.2.14)中水头 H 为常数。将式(8.2.13)与式(8.2.14)代入式(8.2.11)，得到

$$\mathrm{d}\theta = \frac{\sqrt{1 - \dfrac{3}{2}\dfrac{h}{H}}}{\sqrt{\dfrac{2h}{H}\left(1 - \dfrac{h}{H}\right)}H}\mathrm{d}h \tag{8.2.15}$$

积分式(8.2.15)，得到

$$\theta = \sqrt{3}\arctan\sqrt{\frac{\dfrac{h}{2H/3}}{1 - \dfrac{h}{2H/3}}} - \arctan\frac{1}{\sqrt{3}}\sqrt{\frac{\dfrac{h}{2H/3}}{1 - \dfrac{h}{2H/3}}} - \theta_1 \tag{8.2.16}$$

式中 θ_1 为积分常数，由初始条件 $\theta = 0$ 时，水深 $h = h_1$ 来确定。

式(8.2.16)也可用弗劳德数 Fr 来表示。由式(8.2.14)可知

$$\frac{h}{2H/3} = \frac{3}{2 + Fr^2} \tag{8.2.17}$$

从而有

$$\theta = \sqrt{3}\arctan\frac{\sqrt{3}}{\sqrt{Fr^2 - 1}} - \arctan\frac{1}{\sqrt{Fr^2 - 1}} - \theta_1 \tag{8.2.18}$$

式(8.2.16)与式(8.2.18)中的 h 及 Fr 都是相应于边墙总偏转角为 θ 时的水力要素。

8.2.3 大波高急流冲击波的计算

如果冲击波波峰陡峻，波高有相当数值，波角就不能用式(8.2.6)进行简化计算，同时在波峰上也有一定的能量损失。但对这种冲击波，由连续方程和动量守恒原理导出的式(8.2.1)～式(8.2.5)仍然成立。

由图 8-1(将图中 $\Delta\theta$ 改用 θ 表示)可知

$$u_{t1} = \frac{u_{n1}}{\tan\beta_1} \tag{8.2.19}$$

$$u_{t2} = \frac{u_{n2}}{\tan(\beta_1 - \theta)} \tag{8.2.20}$$

由于 $u_{t1} = u_{t2}$，联立式(8.2.19)与式(8.2.20)，并引入连续方程(8.2.1)，得到

$$\frac{h_2}{h_1} = \frac{\tan\beta_1}{\tan(\beta_1 - \theta)} \tag{8.2.21}$$

或

$$\tan\theta = \frac{(1 - h_1/h_2)\tan\beta_1}{1 + (h_1/h_2)\tan^2\beta_1} \tag{8.2.22}$$

此外，由式(8.2.5)有

$$\frac{h_2}{h_1} = \frac{1}{2}\left(\sqrt{1 + 8Fr_1^2\sin^2\beta_1} - 1\right) \tag{8.2.23}$$

将式(8.2.23)代入式(8.2.22)，最后得到

$$\tan\theta = \frac{\left(\sqrt{1 + 8Fr_1^2\sin^2\beta_1} - 3\right)\tan\beta_1}{2\tan^2\beta_1 - 1 + \sqrt{1 + 8Fr_1^2\sin^2\beta_1}} \tag{8.2.24}$$

由式(8.2.21)与(8.2.24)即可确定大波高急流冲击波的水力要素。

8.2.4 冲击波的反射与干扰

在8.2.2与8.2.3中所讨论的是水流沿一侧偏转的边墙的流动，而未考虑对岸边墙传来的扰动的影响。实际上，在泄水建筑物中由两岸边墙所形成的扰动是相互影响的，其表现在因边墙偏转所产生的冲击波传至对岸时要发生反射，造成相互干扰，使波加强或减弱，从而在下游形成复杂的扰动波形图。

根据冲击波之间反射与干扰的原理，可以设法消除扰动波。如图8-2所示，边墙向外偏转的一边自 A 点产生一个负波(水面跌落)，以波角 β 横穿渠槽传到 B 点，B 点反射的负波扰动线将与 B 点因边墙向内偏转所产生的正波(水面壅高)扰动线相重合，正、负波相互抵消，所以不再有扰动产生。

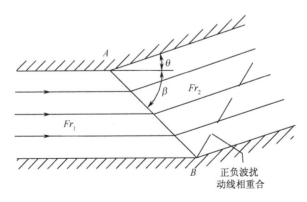

图 8-2　冲击波的反射与干扰

8.3　急流收缩段冲击波计算

8.3.1　急流收缩段的合理曲线

对于长度相同的同一收缩段,可以采用不同曲线的边墙进行连接。在缓流中,收缩段采用渐变曲线连接时水流流态最好。在通过急流的直槽中,如槽身断面突然缩窄,急流将以很大的冲击力顶冲束水的边墙,同时产生较大的涌浪,水流流态复杂,在实践中一般多不采用这种设计。常见的陡槽收缩段设计是采用两侧对称的逐渐收缩的边墙,其可有直线收缩段和两个反圆弧渐变收缩段两种形式,如图8-3所示。从式(8.2.2)和式(8.2.3)可知,急流中边墙收缩转向必然会产生冲击波,冲击波的最大波高是由总偏转角决定,和边墙的偏转过程无关。由此分析出发,从图8-3可看出,对于长度相同的收缩段,直线收缩段的总偏角 θ 比单曲线渐变收缩段的总偏角 θ' 及反曲线渐变收缩段的总偏角 θ'' 都要小,因此,前者的冲击波将低于后者。

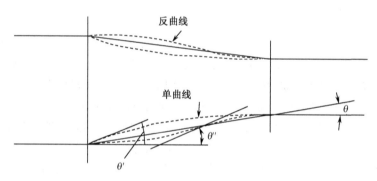

图 8-3　急流收缩段合理曲线

8.3.2　直线收缩段冲击波的计算

如图8-4(a)所示,在直线收缩段中,从边墙收缩起点 A 和 A' 产生正波,涌高的波峰在 B 点交汇后传播至 C 和 C' 再发生反射。在边墙收缩的末端 D 和 D' 因边墙向外偏转也会出现负波,其扰动线向下的传播区域如图中虚线所示。很明显,B、D、D' 的相对位置对所产生的冲击波波高有一定的影响。例如,当 B、D、D' 在同一断面上时,就会形成最大的扰动;但如使交汇后的冲击波在 D 点和 D' 点与边墙相遇,也即让 C、D 和 C'、D' 两点分别重合,如图8-4(b)所示,则从理论上来看,由于正波与负波相互抵消,下游将不再会有扰动产生。实际上,由于理论分析中包含有很多假定,在下游仍会存在一些扰动,但从扰动量级上来看已大为减少。根据图 8-4(b)中的几何关系,得到收缩段长度为

$$L = L_1 + L_2 = \frac{b_1}{2\tan\beta_1} + \frac{b_2}{2\tan(\beta_2 - \theta)} \qquad (8.3.1)$$

及

$$L = \frac{b_1 - b_2}{2\tan\theta} \qquad (8.3.2)$$

此外,根据连续方程,有

$$b_1 h_1 u_1 = b_3 h_3 u_3 = Q \qquad (8.3.3)$$

从而有

$$\frac{b_1}{b_3} = \frac{h_3}{h_1}\frac{u_3}{u_1} = \left(\frac{h_3}{h_1}\right)^{3/2}\frac{Fr_3}{Fr_1} \qquad (8.3.4)$$

收缩段冲击波前、后各水力要素还应符合大波高急流冲击波的计算式(8.2.19)~式(8.2.24)。在工程计算中,一般是已知收缩段前的水流运动特征量 h_1、u_1、b_1 和收缩比 $\frac{b_1}{b_3}$,确定合适的收缩段长度 L(或收缩角 θ)和收缩段下游水深 h_3。模型试验成果表明,用以上方法所设计出的宽浅明渠内的直线收缩段,其内的急流冲击波波高不大[5]。

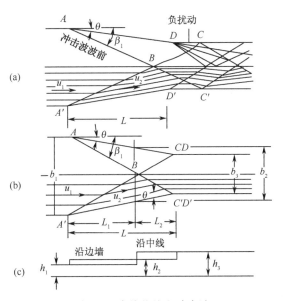

图 8-4　直线收缩段冲击波

8.3.3　窄缝消能工收缩段冲击波的计算

1. 窄缝挑坎收缩段的水流运动特点

窄缝挑坎收缩段的水流运动具有如下特点:

（1）窄缝挑坎收缩段的收缩比$\frac{b}{B}$较小，收缩偏转角θ较大，水深和宽度属于同一数量级，而且波峰上游区的水深沿下游方向明显增加，水流并非均匀流。

（2）收缩段进出口条件对其内的水流运动有影响。水流在进入收缩段之前，由于两侧边墙的作用，靠近边墙的水流运动速度小于断面平均流速。而在水流离开挑坎挑向空中后，由于空气阻力和重力的作用，水舌在底部的挑角明显小于挑坎挑角。

（3）在底板水平的条件下，挑坎内水流动水压强分布比较复杂，其最大值与总水头之比为$0.3 \sim 0.5$[6]，不符合静水压强分布特性。

2．窄缝挑坎上急流冲击波的计算

由于窄缝挑坎收缩段与宽浅明渠收缩段的水流运动差别很大，因此，直接应用8.3.2中的方法计算冲击波波角和水深，必然会产生较大误差，因此应进行相应的修正。文献[7]考虑到近壁区水流流速小于平均流速这一情况，在计算圆弧式侧墙窄缝挑坎冲击波交汇点位置及波峰下游水深时对来流弗劳德得数进行了相应修正；文献[8]考虑到窄缝挑坎上动水压强分布的特点对压力项进行了修正，但所计算出的波峰下游水深仍大于试验值，最后又不得不引入其值为0.8的水深修正系数；文献[9]详细分析了窄缝收缩区的水力特性，考虑了单宽流量沿程增加和边壁阻力两个因素的影响，对收缩段的水面线和冲击波图案进行了相应计算。

8.4 急流扩散段冲击波计算

明渠急流扩散段的水力计算是工程上经常遇到的问题，其主要扩散段的形式有：平底明渠扩散段、陡坡明渠扩散段和反弧（凹曲面）段等。试验成果表明，由于底板曲线形式与坡度的不同，水流扩散特性也不相同，下面对急流扩散段的冲击波计算进行简要介绍。

8.4.1 平底明渠扩散段

1．平底明渠突扩段

文献[10]对平底明渠突扩至无穷的急流问题进行了研究。如图8-5所示，图中下半部表示干扰发生时的一系列负波射线，在侧墙终点附近的每一条流股在其通过第一个负波时开始改变方向，并形成水面跌落，该负波与原水流方向的夹角为$\beta = \arcsin \dfrac{1}{Fr_1}$，而在其后每一负波的角度则取决于不断变化的当地弗劳德数Fr_1的大小。实际上，每一个微波代表一条等水深线（在平底时等水深线也是水面等高线），由此可得到一系列的水面等高线，这些等高线与流线已在图8-5上半部给出。

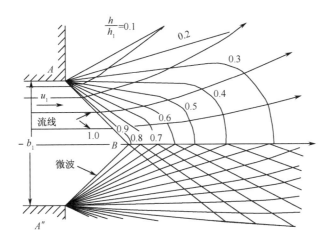

图 8-5 平底明渠突扩段冲击波

如果突扩在有限宽度的槽道内出现,则急流的发展可分为三个阶段。第一段从突扩处开始至完全扩散断面的渠段止;第二段是斜水跃段,其由完全扩散断面起至斜水跃与水流中心线相交点止;第三段从相交点起至直水跃跃首断面止。

突扩处至完全扩散断面之间的距离 L 为

$$L = \frac{1}{2}(B - b)\cot\theta \tag{8.4.1}$$

式中 θ 为平均扩散角,根据试验资料,有

$$\cot\theta = 0.30Fr_1 + 0.54 \tag{8.4.2}$$

2. 平底明渠渐扩段

逐渐扩宽明渠内的急流,其流态与边墙的扩展形式密切相关。如果设计不当,边墙扩展过急,水流将出现分离。文献[11]通过试验提出,采用式(8.4.3)的边墙曲线,急流可以得到良好的扩散,见图 8-6。

$$\frac{y}{b_1} = \frac{1}{2}\left(\frac{x}{b_1 Fr_1}\right)^{3/2} + \frac{1}{2} \tag{8.4.3}$$

式中 Fr_1 为上游直槽中来流的弗劳德数,b_1 为上游槽宽。图 8-6 中还给出了 Fr_1 不同时的等水深线。

如果渐扩段的下游连接等宽的明渠,则不论该曲线边墙如何过渡到下游平行边墙,水流总会出现干扰。对不同的下游与上游槽宽比 $\frac{b_2}{b_1}$,能消减下游冲击波的边墙形式如图 8-7 所示。

3. 圆形隧洞出口后的矩形扩散段

如圆形隧洞出口与一段矩形明渠相连接,则其内水流受扰将产生冲击波。若

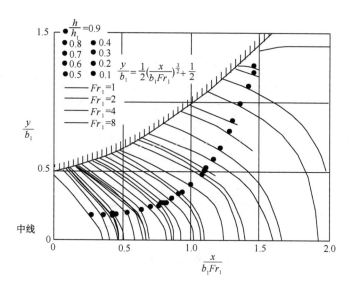

图 8-6 平底明渠渐扩段冲击波

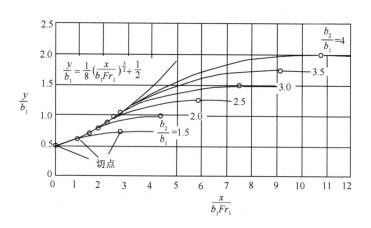

图 8-7 平底明渠渐扩段冲击波的消减

处理得当,冲击波能有助于水流扩散,促进消能。文献[12]建议明渠扩散段的扩散边界可用如下方法计算:

扩散点位置

$$\frac{x}{d} = 0.4Fr_1{}^2 + 3.5 \tag{8.4.4}$$

扩散角

$$\theta = \arctan\left[\left(\frac{Fr_1}{0.4}\right)^2 - 1\right]^{-0.5} \tag{8.4.5}$$

式中 x 为隧洞出口至边墙扩张点的距离；d 为隧洞直径；Fr_1 为隧洞出口处水流弗劳德数，$Fr_1 = \dfrac{u_1}{\sqrt{gd}}$。

8.4.2 陡坡明渠扩散段

急流在陡坡上的运动实际上是处于加速运动的水流在陡坡上的自由扩散问题，此时水流的流向、流速、水深和单宽流量等均沿程变化，文献[13]曾对其进行了试验研究。

8.4.3 反弧(凹)曲面上的急流扩散

理论分析和模型试验表明，对反弧(凹)曲面上的急流，由于离心力和水流阻力的影响，水流的扩散角要远大于平底陡坡壁面上的急流扩散角，其扩散边界可用如下经验方法确定。

1. 文献[14]建议的水流扩散边界

对具有不同反弧中心角和不同边墙扩散角的挑坎上水流运动的模型试验成果表明，导墙末段的扩散角存在一极大值，当导墙角度超过这一值而继续增加时，挑坎末端的水深变化不大。由此看来，急流存在一最大扩散角。对文献[14]所研究的具体情形，$\theta_{\max} = 15° \sim 18°$。

对直线、抛物线或其他形式曲线边墙的试验成果表明，无论采用何种形式的导墙平面曲线，在其下游均存在水面扰动。在反弧段采用同心圆假设，略去阻力，且挑角为 $20° \sim 30°$ 时，若取 $\theta_{\max} = 15°$，则扩散边界的形式为

$$\frac{y}{B} = \frac{2.03 x^{1.5}}{\sqrt{R\theta_0}} + 0.5 \tag{8.4.6}$$

式中 R 为反弧半径；θ_0 为反弧中心角；B 为始扩点宽度；x 为反弧壁面上沿水流方向的坐标，坐标原点位于反弧段起点；y 为垂直于反弧壁面的坐标。

2. 文献[15]建议的水流扩散边界

文献[15]认为急流在挑坎上扩散时存在两种情况，其一是由两侧墙扩散处产生的负波交汇于中线且位于挑坎末端以内，另一种情况是由两侧墙扩散处产生的负波交汇在挑坎末端以外。由于水流扩散角沿程变化，因此，交汇点前、后的水舌扩散角也有较大差别。区分以上两种情况的判别条件为特征宽度 b_k，其表达式为

$$\frac{b_k}{R} = 2\sin\theta_0 \tan\beta \tag{8.4.7}$$

式中

$$\beta = \arcsin\sqrt{\frac{h_1}{R} + \frac{\cos\theta_0}{Fr_1^2}\left(1 - 2\frac{h_1}{R}\right)} \tag{8.4.8}$$

当 $B > b_k$ 时,挑坎上的急流扩散属宽浅型;而当 $B < b_k$ 时,挑坎上的急流扩散则属窄深型。若定义扩散区内含 95% 过水流量的边界为有效边界,则当 $B > b_k$ 时,有

$$\frac{y}{B} = 12.5 \frac{h_1}{B} \left(\frac{\theta}{\theta_0}\right)^{1.5} + 0.5 \qquad (8.4.9)$$

式中 θ 为计算断面与垂线之间的夹角。

当 $B < b_k$ 时,有

$$\frac{y}{B} = 1.85 \frac{R}{B} \left(\frac{h_1}{B}\right)^{1/3} \left(\frac{\theta}{\theta_0}\right)^{2.4} + 0.5 \qquad (8.4.10)$$

试验成果表明,$B < b_k$ 时的急流扩散角要大于 $B > b_k$ 时的相应值。

8.5　急流弯道段冲击波计算

8.5.1　弯道上急流冲击波形态

水流在弯道上处于缓流或急流时具有不同的流动状态。弯道缓流的主要特点之一是在横断面上存在弯道环流,而弯道急流的主要特点则是在自由水面上出现菱形交叉的冲击波。图 8-8 给出了矩形断面槽道中弯道段的急流运动情况。由于外墙向内偏转,从 A 点开始产生正波,并以波角 β 向外扩展,其扰动线为 AB。同时,由于内墙向外偏转,从 A' 点开始产生负波,其扰动线为 $A'B$,两条扰动线 AB 和 $A'B$ 在 B 点交汇。B 点以下两侧边墙所形成的扰动便互相影响,扰动将不再沿直线传播,而是分别沿曲线 BD 及 BC 传播,其结果是:在 ABA' 区域内的水流末受扰动;ABC 为仅受外侧边墙扰动影响的区域,水面沿程连续升高,到 C 为最高点;$A'BD$ 是只受内侧边墙扰动影响的区域,水面沿程连续下降,到 D 点为最低点。CBD 以后为两侧边墙扰动同时影响的区域。

8.5.2　较大半径情况下急流冲击波计算

1. 试验成果

克纳普[4]根据试验成果,建议用图 8-8 的几何关系来确定波峰位置。由图 8-8 可知

$$AC' = \frac{b}{\tan\beta} = \left(\frac{b}{2} + r_0\right)\tan\theta \qquad (8.5.1)$$

由此得到

$$\theta = \arctan\frac{2b}{(2r_0 + b)\tan\beta} \qquad (8.5.2)$$

式(8.5.2)即为弯道外壁第一最大水深的出现位置。沿内、外侧边墙的水深计算式为

$$h = \frac{u^2}{g}\sin^2\left(\beta + \frac{\theta}{2}\right) \tag{8.5.3}$$

式中若取 θ 为正,得外侧边墙处的水深,若取 θ 为负,则得内侧边墙处的水深。

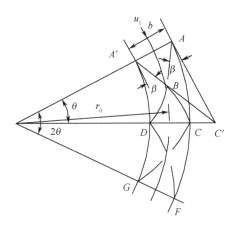

图 8-8　弯道上急流冲击波形态

哈特[16]和鲍曼[17]在讨论克纳普[4]所建议的计算方法时,建议取外侧边墙处的最大水深为

$$h_{\mathrm{m}} = h_0 + \frac{u^2 b}{r_0 g} \tag{8.5.4}$$

第一最大波峰的出现位置为

$$\theta = 51.96\frac{b}{r_0}Fr_1 \tag{8.5.5}$$

式(8.5.4)中 h_0 为弯道入口处上游来流的水深。

2. 小扰动法理论成果

文献[18]用小扰动理论求得水平弯道内最大水深与弯道入口上游来流的水深 h_0 之差为

$$\Delta h_{\mathrm{m}}{}' = \frac{u^2}{g}\ln\frac{r_0 + 0.5b}{r_0 - 0.5b} \tag{8.5.6}$$

扰动周期为

$$\theta = \frac{360}{\pi}\sqrt{Fr_1{}^2 - 1}\ln\frac{r_0 + 0.5b}{r_0 - 0.5b} \tag{8.5.7}$$

文献[19]用小扰动理论分析了纵向底坡为 α 的弯道上的急流运动,得到最大扰动水深为

$$\Delta h_{\mathrm{m}}{}' = \frac{u^2}{g\cos\alpha}\ln\frac{r_0 + 0.5b}{r_0 - 0.5b} \tag{8.5.8}$$

扰动周期为

$$\theta = \frac{360}{\pi}\sqrt{\frac{Fr_1^2}{\cos\alpha} - 1}\ln\frac{r_0 + 0.5b}{r_0 - 0.5b} \tag{8.5.9}$$

在矩形弯道中,考虑边墙扰动和离心力影响后弯道内、外侧水面差是离心力引起的水面差(也即弯道缓流内、外侧水面差)的两倍。

8.5.3 较小半径情况下急流冲击波计算

对于小半径的宽浅式弯道,如果弯道半径与渠宽之比$\frac{r_0}{b} < 10$,急流水深与渠宽之比又较小,且底坡又较大,则流经弯道的水流在凹岸因冲击而破裂,在凸岸则脱离边墙,甚至还会出现局部露底现象[20],此时最大水深可能位于弯道末端,严重者甚至位于下游直槽中。文献[20]建议估算最大水深h_m的经验公式为

$$\frac{h_m}{h_0} = \frac{2.1}{\frac{b}{r_0} + 0.84}\left(Fr_1\frac{b}{r_0}\right)^{2/3} \tag{8.5.10}$$

而估算最大水深出现纵向位置的经验公式则为

$$\frac{L_x}{h_m} = 2.5\theta^{-0.3}\left(\frac{r_0}{b}\right)^{0.455}\left(\frac{b}{h_0}\right)^{0.5} \tag{8.5.11}$$

采用此种布置形式水流流态不好,若设计不慎,可能造成水流漫溢边墙。对于大、中型工程,如确有必要采用该布置形式,必须通过水工模型试验进行研究。

8.5.4 弯道上急流冲击波的控制

为了控制冲击波的形成而加高边墙是不经济的,因此设计急流陡槽宜尽量避免布置弯道段,在高速明流隧洞更应避免设置弯道段,以免发生过大的冲击波超高,造成封顶的危险。陡槽中因地形关系无法避免采用弯道段时,应研究采取消减冲击波的措施,合理的办法是从冲击波的特性出发考虑如何消除,至少减轻其影响。下面简要介绍两种方法[4]。

1) 复合曲线法

从前面弯道段中急流冲击波形态的讨论中可知,由边墙偏转产生的扰动波有正有负,在传播中互相干涉,因此可考虑采取恰当的措施造成另外一种扰动,其幅值与原有扰动相等而相位相反,使这两种扰动相互干涉,至少可达到消减冲击波的目的。复合曲线法正是在原有简单曲线段的前后各接上一段单曲线,其曲率半径r_t等于原来曲线段半径r_c的两倍。这样一来,上游引入的过渡曲线产生负扰动波的最大负波高为$\left|\frac{u^2 b}{g r_t}\right| = \left|\frac{u^2 b}{2g r_c}\right|$(按式(8.5.4)计算),也即正好与原有边墙的扰动波幅相等。同时,负扰动波传播至外侧边墙处应是原有边墙的起点,这样才能使负扰动波从那里起即与原有边墙所产生的扰动波发生干涉,因此引入的过渡曲线

的中心角 θ_t 应为

$$\theta_t = \arctan \frac{b}{(r_t + 0.5b)\tan\beta} \tag{8.5.12}$$

从原来主曲线段进入下游直线段前的过渡曲线按相同原理也可采用与上游过渡曲线相同的 r_t 及 θ_t 值, 如图 8-9 所示。整个弯道的总偏角为 $\theta = \theta_c + 2\theta_t$。

用这种方法设计的复合曲线弯道段上的急流, 经水力模型试验表明, 槽中水面超高只在上游过渡段内增加, 在主曲线段内几乎保持不变, 在下游过渡段内下降到原来的数值。整个流动虽有些小扰动, 但冲击波基本上得到较好的控制。而且不仅在设计流量下效果良好, 对于其他几种不同流量也呈现较为满意的流态[4]。

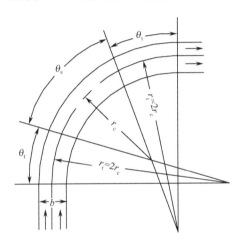

图 8-9 复合曲线法控制弯道上急流冲击波

2) 槽底横向超高法

该法是从消除弯曲边墙对水流的扰动这一形成冲击波的外因来考虑。由弯道曲线段的起点逐渐降低槽底的内侧, 或抬高其外侧, 或联合进行, 以形成一定的横向坡度 i_c, 这样便有重力沿横向坡度方向的分力作用于水流的每个质点, 使其有向心的加速度能够自由转弯。这时边墙对水流的作用和在直段一样, 不另外施加侧力迫使水流转向, 因此就不会产生扰动。如图 8-10 所示, 质量为 m 的水体其单位质量所受重力沿横向坡度方向的分力为 $g\sin\phi$, 式中 ϕ 为横向底坡的水平倾角, 而向心加速度为 $\frac{u^2}{r}$, 则有

$$g\sin\phi = \frac{u^2}{r} \tag{8.5.13}$$

故槽底超高的横向坡度应为

$$i_c = \sin\phi = \frac{u^2}{gr} \tag{8.5.14}$$

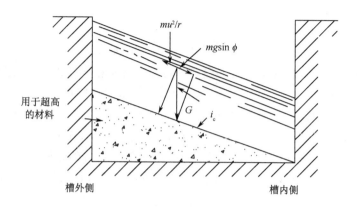

图 8-10　槽底横向超高法控制弯道上急流冲击波

槽底横向超高法将渠底从弯道起点开始沿外边墙逐渐抬高至最大高度处,而后又逐渐降低至与下游渠底平顺相接,以避免抬高的不连续性。由于最大抬高是一个固定数,因此其仅适用于一种流量与水深的要求。通常按设计流量进行设计,流量小于此值,水流流态又不理想。为了克服这一缺点,将槽底横向超高进一步改为扇形抬高,其消除冲击波效果明显,且适应的流量范围也变大。我国碧口水电站溢洪道就采用了此种布置形式[1]。

除此之外,控制弯道急流的方法还有弯曲导流板法[21];斜导流掺气挑坎法[22]等。此外,消波墩[23],人工加糙等也不失为控制急流的有效方法。

8.6　滚波的形成条件及特征

8.6.1　滚波形成的条件

在一般陡槽中,水流在重力、惯性力及摩阻力作用下维持平衡。如果出现局部扰动,则在扰动传播过程中,由于摩阻力的作用,扰动将逐渐衰减以致消失,水流能维持恒定流状态。但在底坡甚大的陡槽中,由于重力的分力及惯性力很大,而摩阻力又相对减小,以至于扰动在传播过程中摩阻力不足以使其衰减,扰动反而不断沿流程增强,水流的恒定状态不再能保持,于是就形成了如图 8-11 所示的滚波。由此可见,陡槽中水流摩阻力相对减小是形成滚波的根本原因。

有关滚波的形成条件虽已有不少研究成果,但仍不十分明了,下面仅简要介绍前人的研究方法和一些判别式。

文献[24]以戴维南方程为基础,针对扰动波在水流中的发展情况进行分析,若扰动波沿水流是增长的,则必然形成滚波。基于上述假设得到了适合宽明渠的滚波产生条件,其为

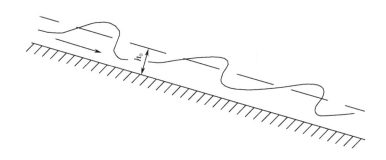

图 8-11　滚波

$$\frac{U_0^2}{gH_0} > \frac{4}{\left(\dfrac{H_0}{\lambda_0}\dfrac{\partial \lambda}{\partial H} - 1\right)^2} \tag{8.6.1}$$

式中 U_0,H_0 为均表示明渠恒定均匀流的断面平均流速与水深；g 为重力加速度；H 为水流水深；λ 为阻力系数。

式(8.6.1)中没有考虑到水流流速沿断面分布的不均匀性。而渠槽断面形式和流速分布的不均匀程度对滚波的产生具有重要作用。考虑这两方面的影响后，H.A. 卡尔持维尔[24]得到二维流动中的滚波产生条件为

$$\frac{U_0^2}{gH_0} > \frac{4}{\left(3 - \dfrac{H_0}{\lambda_0}\dfrac{\partial \lambda}{\partial H} - 2\beta\right)^2} \tag{8.6.2}$$

式(8.6.2)中 β 为动量修正系数，其定义为

$$\beta = \frac{\int_0^H u^2 \mathrm{d}y}{U^2 H} \tag{8.6.3}$$

运用指数流速分布公式

$$\frac{u}{u_*} = (1 + n)\sqrt{\frac{8}{\lambda}}\left(\frac{y}{H}\right)^n \tag{8.6.4}$$

简化式(8.6.3)，得到

$$\beta = 1 + \frac{1.55}{2.5\sqrt{\lambda} + 1}\lambda \tag{8.6.5}$$

将式(8.6.5)近似为

$$\beta = 1 + \lambda \tag{8.6.6}$$

并引入尼古拉兹对处于水力粗糙区的明渠阻力系数的研究成果

$$\frac{1}{\sqrt{\lambda}} = 2\lg\left(\frac{2H}{\Delta}\right) + 1.74 \tag{8.6.7}$$

则可将式(8.6.2)简化为

$$\frac{U_0}{\sqrt{gH_0}} > \frac{1.4}{1 - 1.4(\sqrt{\lambda} - 0.45)^2} \tag{8.6.8}$$

根据 $\lambda = 0.04 \sim 0.25$ 对式(8.6.8)的计算表明,临界弗劳德数实际上为一接近于 2 的常数。

沃依尼契霞诺仁茨基[24]在确定动量修正系数时考虑了水流流速脉动的影响,其取

$$\beta = 1 + 2\lambda \tag{8.6.9}$$

由此得到

$$\frac{U_0}{\sqrt{gH_0}} > \frac{1.7}{1 - 3.5(\sqrt{\lambda} - 0.25)^2} \tag{8.6.10}$$

根据 $\lambda = 0.04 \sim 0.25$ 对式(8.6.10)的计算表明,临界弗劳德数随 λ 的增加而增加。

8.6.2 滚波的特征

上面介绍的滚波产生条件指的是滚波形成的必要条件,但并非充分条件。根据卡姆巴连[24]的试验和原型观测资料,滚波形成和发展的另一个条件是渠槽长度 X 必须相当长。该长度可按下式计算

$$\frac{X}{H_k} \geqslant 4Fr^{2/3} \tag{8.6.11}$$

或者

$$\frac{X}{H_0} \geqslant \frac{30}{\lambda} \tag{8.6.12}$$

式中 H_0 为均匀流动条件下的正常水深; H_k 为临界水深; λ 为阻力系数。由式(8.6.12)可以看出,从渠槽进口至出现滚波的距离与阻力系数成反比,而与流量成正比。

随着滚波沿渠槽向前移动,其波高与波长均相应增大。根据菲德罗夫的原型观测资料和卡姆巴连的试验资料[24],得到相对波高的经验公式为

$$\frac{H_2 - H_1}{H_2} = 0.364 \frac{x}{X} + 0.045 \tag{8.6.13}$$

式中 H_2 和 H_1 分别为波峰和波谷断面上的相应水深。滚波波长则可按下式近似计算

$$\frac{L}{H_k} \approx \frac{0.5}{\lambda}\left(\frac{x}{X} - 1\right) \tag{8.6.14}$$

式(8.6.13)与式(8.6.14)是在 $\frac{x}{X} < 15 \sim 20$ 的条件下得到的。

滚波运动的绝对速度 C_0 比无滚波时的水流平均流速大 50%,其为

$$\frac{C_0}{\sqrt{gH_k}} = \frac{2}{3}(Fr + 2) \tag{8.6.15}$$

式中 Fr 为无滚波时的水流弗劳德数。

在溢洪道和灌溉渠道中采用较多的过水断面形式是矩形和梯形。为了探讨不同断面形状对滚波形成的影响,人们曾对矩形、梯形、扇形及三角形断面进行过研究,研究成果表明:在同一流量、坡降和糙率条件下,矩形和梯形断面明渠有滚波存在,而扇形和三角形断面明渠则无滚波存在。

为了防止滚波产生,关键在于合理设计渠槽断面的形状,增加湿周和水深,以及减小槽宽等。

参 考 文 献

1 李建中,宁利中.高速水力学.西安:西北工业大学出版社,1994

2 余常昭.明槽急变流.北京:清华大学出版社,1999

3 伊本.急流力学.北京:科学出版社,1958

4 克纳普.急流渠道曲线段的设计.北京:科学出版社,1958

5 伊本.渠道收缩段的设计.北京:科学出版社,1958

6 Dai Zhenlin et al. Some hydraulic problems of slit-type flip buckets. Proceedings of International Symposium on Hydraulics for High Dams, November, 1988

7 高季章.窄缝式消能工的消能特性及体形研究.水利水电科学研究院科学研究论文集.第 13 集.北京:水利电力出版社,1983

8 黄智敏等.窄缝挑坎收缩段急流冲击波特性的探讨.水利水电技术,1989,8

9 王康柱等.窄缝挑坎急流冲击彼的分析计算.陕西水力发电,1991,3

10 徐恩允等.渠道扩展段的设计.北京:科学出版社,1958

11 Rouse H et al. Design of channel expansions. Transactions of ASCE,1951,116:326~346

12 赵世俊.利用输水道出口冲击波改善下游扩散捎能的措施.水利学报,1959,6

13 李崇智.陡坡明渠水流扩散.水利学报,1984,2

14 袁银忠.圆弧形挑流鼻坎上急流的扩散.华东水利学院学报,1981,4

15 王复兴.反弧面急流突扩的水力特性.高速水流.1985,2

16 哈特.明渠急流冲击波计算讨论(四).北京:科学出版社,1958

17 鲍曼.明渠急流冲击波计算讨论(一).北京:科学出版社,1958

18 赵振国.短形明渠弯道急流的研究.水利水电科学研究院科学研究论文集.第 3 集.北京:水利电力出版社,1964

19 田嘉宁.有纵向底坡弯道急流的二维解析解.陕西机械学院学报,1991,3

20 敬兴智.溢洪道明渠急流弯道冲击波控制简述.陕西水力发电,1986,3

21 郭家棣,张宗惠.斜底折流管弯段溢洪道模型试验.高速水流,1986,2

22 陈鑫苏.消除泄水建筑物弯道急流冲击波的措施.水利水电技术,1984

23 朱林等.克服明渠急流冲击波的方法.西北农学院学报,1986

24 巴戈莫洛夫等.明渠高速水流.赵秀雯译.杨陵:西北水利科学研究所,1987